纺织服装高等教育"十四五"部委级规划教材

"十三五"江苏省高等学校重点教材

FUZHUANG GONGYE ZHIBAN

服装工业制板

第四版

李 正 岳 满 张鸣艳 编著

东华大学出版社

·上海·

内容简介

本书是专业讲授服装工业制板技术内容的读物（教材）。本书首先讲授了服装工业制板相关的基本概念、服装制板与推板的基本原理、服装板型的修正与完整性、板型的二次设计。其次讲授了相关的专业标准，包括服装的检验标准、相关的国家标准、相关的行业标准、服装号型标准等。再次讲解了服装排料的基本要求，包括排版实例解析、服装用料的科学计算、计算机在服装工业中的应用等。最后讲授了服装生产技术文件，包括服装制造通知单、服装生产通知单、服装工艺单、服装加工报价等。在讲解中还特别介绍了服装样板设计及服装推板方法的灵活性，讲解不拘泥于一种固定的方法，力争使读者能够比较轻松愉快地掌握该书的基本内容。

本书图文并茂，由浅入深，通俗易懂，可作为服装企业技术人员学习参考用书，也可作为服装院校的专业教材，还可作为企业服装技能培训用书。

图书在版编目（CIP）数据

服装工业制板 / 李正, 岳满, 张鸣艳编著 . —4 版 . —上海：
东华大学出版社，2022.9
 ISBN 978-7-5669-2102-4
 Ⅰ . ①服… Ⅱ . ①李… ②岳… ③张…Ⅲ . ①服装量裁
Ⅳ . ①TS941.631

中国版本图书馆 CIP 数据核字（2022）第 144396 号

责任编辑　杜亚玲
封面设计　Callen

服装工业制板（第四版）
Fuzhuang Gongye Zhiban

编著　李正　岳满　张鸣艳
出　　　版：东华大学出版社（上海市延安西路1882号，200051）
本 社 网 址：http://dhupress.dhu.edu.cn
天猫旗舰店：http://dhdx.tmall.com
营 销 中 心：021-62193056　62373056　62379558
印　　　刷：苏州工业园区美柯乐制版印务有限责任公司
开　　　本：787mm × 1 092mm　1/16
印　　　张：14.5
字　　　数：380千字
版　　　次：2022年9月第4版
印　　　次：2022年9月第1次印刷
书　　　号：ISBN 978-7-5669-2102-4
定　　　价：52.00元

本书有PPT，需要的读者请电话021-62373056索要。

序

    如果爱美之心人皆有之，那么人们对服装美的追求便是一种社会意识。现代人重视着装的美感与服装的合体性可以说是很健康的心理、很健康的人格体现，这也是人类的天性所致。高水准的服装工业制板技术是可以很好地完成服装技术性美感表达的，服装工业制板技术对于服装成品的廓型美感与穿着者的舒适度都是有着相当决定性的作用。服装工业制板是现代工业文明以后出现的一个新的概念，它主要区别于个体裁缝、高级定制等手工业服装作坊式的制板技术而言的。

    服装工业制板是服装生产企业中一个极为重要的技术环节。服装生产企业之所以能够在市场上赢得消费者，可以说服装板型的合理性、美观造型起到了不可忽视的作用，所以说服装工业制板也是服装企业生产的核心环节之一。服装板型设计是一种具有逻辑性和数据性并重的技术课题，一般来说是指工艺板师运用专业手段遵照服装造型设计的要求将服装裁片进行技术分解，用公式与技术数据塑造成符合排料、裁剪与其它生产程序所需的服装裁片。一个成功的服装生产企业对于服装品质、服装造型以及服装比例的重视是不容忽视的，服装工业样板技术水准将直接关系到服装成品的品质和它的商品性。

    通过对服装企业的调查发现，我国每年制作的服装外单占了制造服装总比例中相当大的份额，而我们做外单时的样板往往是外商提供的。这说明我们的服装企业还总是参考使用日本、欧美的板型，也体现了我国有必要引进、吸收、学习国外的先进技术，当然包括服装工业样板设计技能和先进的设计思想等。就目前来看，国内不少服装院校在针对服装结构设计课程时大多运用了日本的文化式原型结构设计法。我们要在借鉴与吸收外国优秀文化的基础上反对全盘"拷贝"，我们必须去建立一套属于自己的教学体系与课程内容。对于服装成衣化板型的具体要求，我们要用研究的态度、立足实用、体现服装美观为目的，加大对人体造型的研究，包括人体的动作规律研究，我们很需要对传统的结构设计、纸样设计进行改进、更新升级，用现代人的审美意识和科学手段来加以完善服装工业样板技术，本书正是以此为指导思想来撰写的。

现在有的服装企业依旧对于服装工业样板、放码技术不够重视，特别是对于一些成衣的相关服装技术标准，如国家标准、企业标准等不够清楚。我们在针对一些服装企业进行技术培训时，有不少专业技术人员和企业领导都希望服装院校能加强这方面的教学内容，真正重视企业对人才的需求，提高大学生的就业能力。这些想法和建议也触动了我们要编写本书。

我们一直秉持着一个坚定的教学信念：教学要实用、教学为社会、教学要有效率、教学要坚持正确性。正是受此影响，故本书力求理论联系实际，注重内容的系统性、连续性、完整性、规范性。所以本书在重点讲授了服装工业样板的基本原理及实际操作范例之后，还特别介绍了服装样板设计与服装推板方法的灵活性，这些方法不拘泥于一种，使读者能够较轻松愉快地掌握该书的基本内容。本书不仅适合服装生产企业的技术人员阅读，同时也很适合作为服装院校的专业教材。

李正、岳满、张鸣艳等在编写本书的过程中有分工与合作。岳满主要负责本书的主体内容编撰与图片绘制，张鸣艳负责本书款式图与结构图绘制，以及计算机在服装工业中的应用等内容编写，李正负责统稿与资料收集。在编写过程中王小萌、唐甜甜、陈丁丁等给予了很大的支持与帮助，也得到了苏州大学、苏州市职业大学领导的支持和重视，同时服装专业的同仁也给本书的编写提供了很大的支持与帮助，在此表示感谢。

编者

目录

服装推板（放码）　**91**　**4**

服装排板（排料）　**145**　**5**

计算机在服装工业中的应用　**169**　**6**

服装工业制板基础知识

　　服装工业制板是服装生产企业必不可少的、十分重要的技术性生产环节，也是能否准确实现服装款式造型目的之根本。服装工业制板技术水准将直接关系到服装成品的品质和它的商品性。所谓服装工业样板，广义上是指包括成衣制造企业生产所使用的一切服装样板，人们对于传统服装工业样板的理解通常是指一整套从小号型到大号型的系列化样板。学习服装工业制板，需要了解服装生产的各种情况，因为它是服装工业生产中的主要技术依据，是排料、画样、缝制、检验的标准模具和标准样板。所以服装工业制板决定着是否能将服装款式顺利实现。

　　服装工业制板是服装结构设计的配套课程，工业样板的设计实际上是服装结构设计的继续和提高，又是服装结构设计的实际应用。所以，掌握服装工业样板的制作设计需要有过硬的服装结构设计知识。工业制板不同于单纯的服装结构设计，工业制板有着其自身的特有要求，难度要远大于单纯的结构图设计，首先，它要符合成衣的工艺要求，必须要正确设计由净样板转放成毛样板，还要考虑整个流水工艺对服装样板造型的影响。

　　其次，设计制定服装工业样板必须要懂得服装相关的专业标准，例如"全国服装统一号型"的相关内容与规定，服装公差规定的具体内容，服装企业内部技术标准等。

　　第三，设计制定服装工业样板必须要有扎实的画线绘图能力。样板线条的流畅度和图形外观的优美度直接决定服装成品的好坏，服装板型的优劣（服装纸样设计的平面图形）直接反映在人体穿着服装成品的效果上，这些都需要制板者在绘制工业样板时要将各种线条，特别是一些弧形线条等绘画准确。线形优美，好的样板可以实现造型美观，穿着舒适的服装成品。

1.1 基本概念

概念

① 成衣：成衣是近代机器大规模生产时出现的新概念，它是指服装生产商根据标准号型而生产的批量成品服装。它是相对于在裁缝店里定做的衣服和自己家里制作的衣服而出现的一个概念。现在一般商场、服装店等出售的服装都是成衣。

② 板：板即样板，就是为制作服装而制定的结构平面图，俗称服装纸样。广义上是指为制作服装而剪裁好的各种结构设计纸样。样板又分为净样板和毛样板，净样板就是不包括缝份儿的样板，毛样板是包括缝份儿、缩水等在内的服装样板。

③ 母板：指推板时所用的标准板型。是根据款式要求进行正确的、剪好的结构设计纸板，并已使用该样板进行了实际的放缩板，产生了系列样板。所有的推板规格都要以母板为标准进行规范放缩。一般来讲，不进行推板的标准样板不能叫做母板，只能叫标准样板，但习惯上人们常将母板和标准样板的概念合二为一。

④ 标准板：指在实际生产中使用的、正确的结构纸样，它一般是作为母板使用的，所以习惯中有时也称标准板为母板。

⑤ 样：一般是指样衣，就是以实现某款式为目的而制作的样品衣件或包含新内容的成品服装。样衣的制作、修改与确认是批量生产前的必要环节。

⑥ 打样：打样就是缝制样衣的过程，打样又叫封样。

⑦ 传样：指成衣工厂为保证大货（较大批量）生产的顺利进行，在大批量投产前，按正常流水工序先制作一批服装成品（20～100件不等），其目的是检验大货的可操作性，包括工厂设备的合理使用、技术操作水平、布料和辅料的性能和处理方法、制作工艺的难易程度等。

⑧ 驳样：指"拷贝"某服装款式。例如：（1）买一件服装，然后以该款为标准进行纸样摹仿设计和实际制作出酷似该款的成品；（2）从服装书刊上确定某一款服装，然后以该款为标准进行纸样摹仿设计和实际制作出酷似该款的成品等。

⑨ 服装推板：现代服装工业化大生产要求同一种款式的服装要有多种规格，以满足不同体型消费者的需求，这就要求服装企业要按照国家或国际技术标准制定产品的规格系列，全套的或部分的裁剪样板。这种以标准母板为基准，兼顾各个号型，进行科学地计算、缩放、制定出系列号型样板的方法叫做规格系列推板，即服装推板，简称推板或服装放码，又称服装纸样放缩。

在制定工业标准样板与推板时，规格设计中的数值分配一定要合理，要符合专业要求和标准，否则无法制定出合理的样板，也同样无法推出合理的板型。

⑩ 整体推板：整体推板又称规则推板，指将结构内容全部进行缩放，也就是每个部位都要随着号型的变化而缩放。例如，一条裤子整体推板时，所有围度、长度、口袋、以及省道等都要进行相应的推板。本书所讲的推板主要指整体推板。

⑪ 局部推板：局部推板又称不规则推板，它是相对于整体推板而言的，指某一款式在推板时只推某个或几个部位，而不进行全方位缩放的一种方法。例如，女式牛仔裤推板时，同一款式的腰围、臀围、腿围相同而只有长度不同，那么该款式就是进行了局部推板。

⑫ 制板：即服装结构纸样设计，为制作服装而制定的各种结构样板。它包括纸样设计、标准板的绘制和系列推板设计等。

⑬ 船样：工厂生产的客人订货服装必须在出货船运之前，按一定的比例（每色每码）抽取大货样衣称为船样，并且要把此船样寄给客人，等到客人确认产品符合要求后才能装船发货。

服装工业制板方式和流程的分类

1. 客户提供样品及订单

流程如下：

① 分析订单。

② 分析样品。

③ 确定中间标准规格。

④ 确定制板方案。

⑤ 绘制中间规格纸样。

⑥ 封样的裁剪、缝制和后整理。

⑦ 依据封样意见共同分析。

⑧ 推板。

⑨ 检查全套纸样是否齐全。

⑩ 制定工艺说明书和绘制一定比例的排料图。

2. 只有订单和款式图或服装效果图和结构图，没有样品

流程如下：

① 详细分析订单。

② 详细分析订单上的款式图或示意图。

③ 其余各步骤基本与第一种情况的流程③以后一致。只是对步骤⑦要多与客户沟通，最终达到共识。

3. 仅有样品而无其他任何资料

① 详细分析样品结构。

② 分析面料。

③ 分析辅料。

④ 其余各步骤基本与第一种情况的流程③以后一致，进行裁剪、仿制（俗称"扒样"）。

1.2 服装制板前的准备

材料与工具的准备

① 纸：制板所用的纸张不能太薄，一般要求平整，光洁，伸缩性小，不易变形。常用的样板纸有：软样板纸，包括牛皮纸等；硬样板纸，主要是包括有一定厚度的纸。

工艺样板由于使用频繁且兼作胎具、模具，所以更要求耐磨、结实，需用坚韧的板纸等。

② 米尺：需备有机玻璃和木制的长约100 cm的尺。

③ 三角尺：需备有30 ～ 40 cm的三角尺一副，一般用于画垂直线和校正垂直线，也可以用来画短线。

④ 曲线尺：需备有大小规格不同的整套曲线尺和变形尺，用来画曲线和弧线，特别是画袖窿弧线和画裤子浪线（前后片的裆弧线）等。

⑤ 量角器：一般用来测量或绘制各种角度。

⑥ 擂盘：又称齿轮刀、点线器，是用来做复层擂印、画线定位或做板的折线用。

⑦ 锥子：用来扎眼儿定位、做标记所用。

⑧ 剪刀：用作裁剪样板等。

⑨ 钻子：打孔定位用。

⑩ 细砂布或水砂纸：用来修板边、打磨板型，也可用作小模板。

⑪ 号码章：为样板编号所用。

⑫样板边章：是用于经复核定型后的样板在其周边加盖的一种专用图章，以示该板已审核完毕。

除此之外，还应备有画笔、橡皮、分规、订书机、夹子、胶带等。

制板前的技术准备

1. 技术文件的准备

专业技术文件是服装企业不可缺少的技术性核心资料，它直接影响着企业的整体运作效率和产品的优劣。科学地制定技术文件是企业的最重要内容之一。成衣企业生产工艺方面的主要技术文件包括生产总体计划、制造通知单、生产通知单、封样单、工艺单、样品板单、工序流程设置、工价单、工艺卡等。

1）服装封样单

服装封样单是针对具体服装款式制作的详细书面工艺要求，服装封样单中的尺寸表内容也是制板的直接依据。服装封样单主要内容包括尺寸表（具体尺寸要求）、相关日期、制单者、款式设计者、制板者、产品名、款式略图、缝制要求、面料小样、工艺说明、用布量等（表1-1，1-2）。

2）服装制造通知单

服装制造通知单又称制造通知书，它是针对为生产某服装款式的一种书面形式要求。它具有订货单的技术要求功能和服装生产指导作用。服装制造通知单有国内的也有国外的，但无论哪种都是根据制造服装的要求而拟订的，其内容主要包括品牌、单位、数量、尺寸要求、合同编号、工艺要求、面辅料要求、制作说明、交货日期、制表人员、制表日期、包装要求等。请参阅下面服装制造通知单表1-3、1-4。

3）测试布料水洗缩率（表1-5）

2. 技术准备

1）了解产品技术标准的重要性

了解产品技术标准也是制板的重要技术依据，如产品的号型、公差规定、纱向规定、拼接规定等。这些技术标准的规定和要求均不同程度地反映在样板上，因此在制板前必须熟知并掌握有关技术标准中的相关技术规定。

2）熟悉服装规格公差（表1-6～表1-8）

表 1-1 服 装 封 样 单

款号：　　　　　封样号：　　　　　设计：　　　　　制板：　　　　　封样：

尺寸表							
XL							
L							
M							
S							
XS							

款式略图	面料小样
特别要求：	工艺说明：

用布量：	制单日期：	完成日期：

制单：　　　　　审核：　　　　　复核：

表 1-2 服装新款封样单

品　　名		设　计		设 计 日 期		新款款式图：
新品编号		制　板		制 板 日 期		
审　核		封　样		封样交货日期		
备注：						

尺　寸　表								

设计要求：

制作说明：

表 1-3 服装制造通知单(1)

制单编号_____

合同编号_____

品　　名								客户/牌子：				
洗　　水								款名：				
数　　量								款号：				
部　　位	尺寸表											备注：
号　　型												车线：
腰　　围												
臀围(头下　cm)												
内　　长												吊牌：
前裆(　腰头)												
后裆(　腰头)												袋布：
大腿围(裆下　cm)												
膝围(裆下　cm)												
拉　　链												
脚　口　阔												
折脚/反脚												
腰　　头												
裤襻(长×宽)												
后袋(长×宽)												

制作说明	款式简图

交货期：	制单：	核封：	物料：	用旧样：
备注：	日期：	日期：	日期：	做新样：

表 1-4　服装制造通知单(2)

地址＿＿＿＿＿＿　　　　　　　　　　　　　　　　发单日期＿＿＿＿＿＿

电话＿＿＿＿＿＿　　　　　　　　　　　　　　　　制单号码＿＿＿＿＿＿

客户订单号码＿＿＿＿＿　　客户型号＿＿＿＿　　工厂样本号码＿＿＿＿＿

货品名称：　　　　　　　预定装船日期待：　　　　　　数量＿＿＿＿打

制　造　说　明		尺　　码						备　注
	尺寸配比							
	规　格							
	腰　围							
	臀　围							
	前裆(含腰)							
	后裆(含腰)							
	大 腿 围							
	膝　围							
	脚　口							
	后 贴 袋							
	拉　链							
	总　　计							

主辅料明细		包装方法	
大身布		1.	2.
口袋布			
吊　牌			
副　标		3.	4.
帆　布			
罗　纹			
缝　线		5.	6.
钮　扣			
拉　链			
胶　袋		其它说明：	

表 1-5 测试布料水洗缩率一览表

测试日期：　　　　　　　品名：　　　　　　　洗水工艺：

制表：　　　　　　审核：　　　　　　　审批：

表 1-6 部分服装规格公差表　　　　　　　单位：cm

品种＼部位	男女单服	衬衫	男女毛呢上衣、大衣	男女毛呢裤子	茄克衫	连衣裙套装
衣　　长	±1	±1	±1 大衣±1.5		±1	±1
胸　　围	±2	±2	±2		±2	±1.5
领　　大	±0.7	±0.6	±0.6		±0.7	±0.6
肩　　宽	±0.8	±0.8	±0.6		±0.8	±0.8
长袖长	±0.8 连肩袖±1.2	±0.8	±0.7		±0.8 连肩袖±1.2	±0.8 连肩袖±1
短袖长		±0.6				
裤　　长	±1.5			±1.5		
腰　　围	±1			±1		±1
臀　　围	±2			±2		±1.5
裙　　长						±1
连衣裙长						±2

表 1-7　牛仔装规格公差参考表　　　　　　单位：cm

部　　位	公　　差	
	水 洗 产 品	非 水 洗 产 品
衣　长	±1.5	±1
胸　围	±2.5	±1.5
袖　长	±1.2	±0.8
连肩袖长	±1.8	±1.2
肩　宽	±1.2	±0.8
裤　长	±2.3	±1.5
腰围（裤）	±2.3	±1.5
臀围（裤）	±3	±2
裙　长	±1.2	±0.8
腰围（裙）	±2.3	±1.5
臀围（裙）	±3	±2

表 1-8　男女童单服装公差参考表　　　　　　单位：cm

部　　位	公　差	测　量　方　法
衣　长	±1	前身肩缝最高点垂直量至底边
胸　围	±1.6	摊平,沿前身袖窿底线横量乘2
领　大	±0.6	领子摊平,立领量上口,其它领量下口
袖　长	±0.7	由袖子最高点量至袖口边中间
总肩宽	±0.7	由袖肩缝交叉点摊平横量
裤　长	±1	由腰上口沿侧缝,摊平量至裤口
腰　围	±1.4	沿腰宽中间横量乘2,松紧裤腰横量乘2
臀　围	±1.8	由立裆2/3处(不含腰头)分别横量前后裤片

3）了解产品工艺要求

产品工艺与制板有着直接的关系。这是因为在具体的生产过程中，不同的工艺或使用不同的生产设备等都对板的数据有着不同的要求。如样板放缝份的量直接受具体工艺的影响，工艺有缲边、卷边、露边等，生产设备有埋夹机、双针机、多线拷边机、多功能特种机，还有洗水工序等，这些内容技术人员都是应该了解的。

4）了解主辅料的性能

在制板前需要了解主辅料的性能特点，如材料的成分、质地、缩水、耐温等情况，这样在制板时可以作出相应的调整。

5）分析效果图（图1–1、图1–2）、服装实物样品（图1–3、图1–4）

图1–1
服装效果图

图 1-2
服装效果图

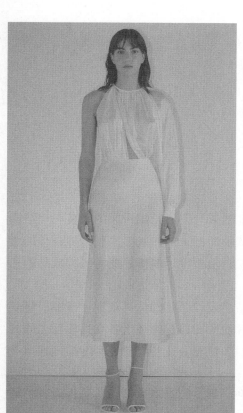

图 1-3　服装实物图

图 1-4
服装实物图

1.3 服装工业制板程序

服装结构图设计（净样板设计）

结构设计是将服装造型设计的立体效果分解展开成平面的服装衣片结构图的设计，是以绘制服装裁剪图的形式反映出来。它既要实现造型设计的意图，又要弥补造型设计的某些不足，是将造型设计的构思变为实物成品的主要过程，如图1-5所示。

服装结构图设计就是通过对服装造型设计图稿的认真观察、理解，将立体造型效果图分解、展开成平面的衣片轮廓图，并标注出各衣片相互之间的组合关系、组合部位以及各类附件的组装位置，使各衣片之间能准确地组装缝合。

掌握结构设计是工业制板的前提和必须。如果不懂得服装结构设计的原理和方法，那么在学推板时就会出现很多基础性的问题，实际中也是学不好推板的。所以说，结构设计是推板的基础，而推板是结构设计的继续。要首先学好结构设计基础，精通结构变化的原理，而后再学服装推板技术，一切就水到渠成了。

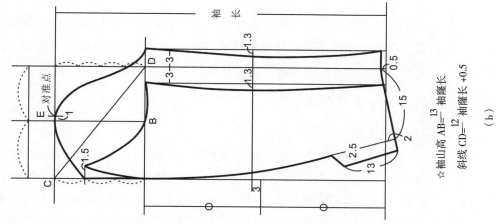

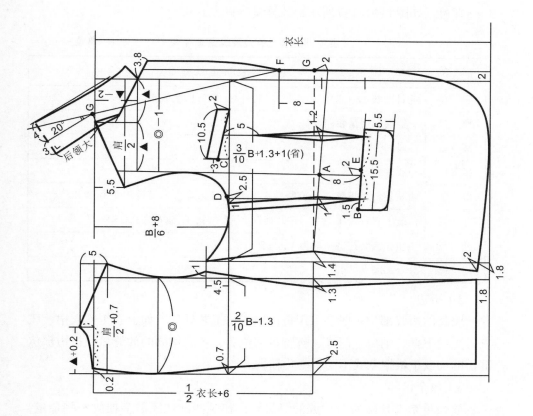

图 1-5 男式西装上衣结构图设计

服装净板加放毛板 ··

结构设计一般多是净样板设计。当结构设计完成后就形成了服装的净样板，但是净样板在所需的整体尺寸工艺上是不符合实际制作工艺要求的，为了完整的工艺要求这就需要在净样板的基础上将之转绘成毛样板。

1.缝头的种类

1）做缝

又叫缝份、缝头。它是净样板的周边另加的放缝，是缝合时所需的缝去的量分。根据缝头的大小，样板的毛样线与净样线保持平行，即遵循平行加放。对于不同质地的服装材料，缝份的加放量要进行相应的调整。对于配里的服装，里布的放缝方法与面布的放缝方法基本相同，在围度方向上里布的放缝要大于面布，一般大0.2～0.3 cm，长度方向上在净样的基础上放缝1 cm即可，如图1–6、1–7所示，放缝量参见表1–9。

表1–9　常见折边放缝量参考表　　　　　单位：cm

部　位	不 同 服 装 折 边 放 缝 量
底　摆	毛料上衣4，一般上衣2.5～3.5，衬衫2～2.5，大衣5
袖　口	一般同底摆量相同
裤　口	一般3～4
裙下摆	一般3～4
口　袋	明贴袋口无袋盖3.5,有袋盖1.5;小袋口无盖2.5,有盖1.5;插袋2
开　衩	西装上衣背衩4,大衣4～6,袖衩2～2.5,裙子、旗袍2～3.5
开　口	装钮扣或装拉链一般为1.5～2
门　襟	3.5～5.5

2）折边

服装的边缘部位一般多采用折边来进行工艺处理，如上衣（连衣裙、风衣等）的下摆、袖口、门襟、裤脚口部位等，各有不同的放缝量。折边部位缝份的加放量根据款式不同，变化较大。

3）放余量

放余量是衣片除所需加放的缝份外，在某些部位还需多加放一些余量，以备放大或加肥时用。

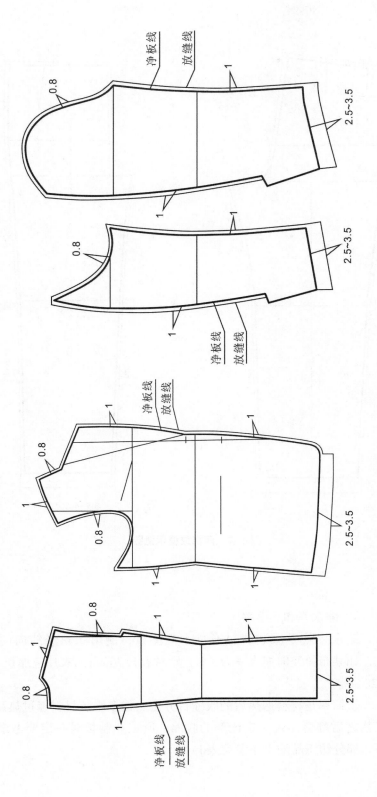

图 1-6　西装上衣放缝示意图

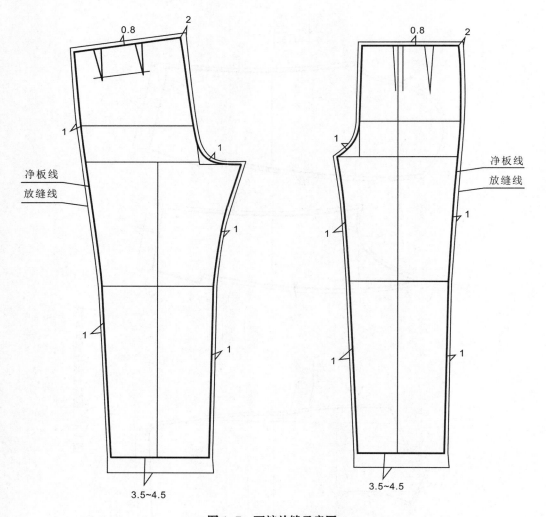

图 1-7　西裤放缝示意图

4）缩水率和热缩率

缩水率就是服装材料通过水洗测试，测出布料经纬向的缩水的百分比，如某布料经向缩水率为 3 %，则对衣长 76 cm 的衣片应加长 76 cm × 3 %= 2.28 cm。

热缩率是材料遇热后的收缩百分比。很多服装材料经过热黏合、熨烫等工艺之后都会出现一定比例的收缩，所以在制板时一定要考虑热缩率的问题。部分纺织品缩水率参见表 1-10。

表 1-10　部分纺织品缩水率参考表(％)

品　名	缩水率		品　名	缩水率	
	经　向	纬　向		经　向	纬　向
平纹棉布	3	3	人造哔叽	8～10	2
花平布	3.5	3	棉/维混纺	2.5	2
斜纹布	4	2	涤/腈混纺	1	1
府　绸	4	1	棉/丙纶混纺	3	3
涤　棉	2	2	泡泡纱	4	9
哔　叽	3～4	2	制服呢	1.5～2	0.5
毛华达呢	1.2	0.5	海军呢	1.5～2	0.5
劳动布	10	8	大衣呢	2～3	0.5
混纺华达呢	1.5	0.7	毛凡尔丁	2	1
灯芯绒	3～6	2	毛哔叽	1.2	0.5
毛华呢	1.2	0.5	人造棉	8～10	2
毛涤华呢	1.2	0.5	人造丝	8～10	2

服装推板

请参阅第四章"推板"的内容。

样板标记

样板由净样板放成毛样板后，为了确保原样板的准确性（不使毛板的确定而改变原样结构），在推板、排料、画样、剪裁以及缝制时部件与部件的结合等整个工艺过程中保持不走样、不变样，这就需要在毛板上做出各种标记，以便在各个环节中起到标位作用，如图1-8 ～图1-12所示。

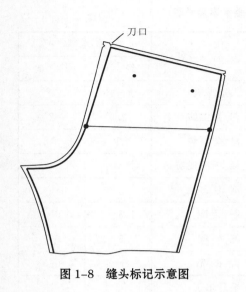

图 1-8　缝头标记示意图

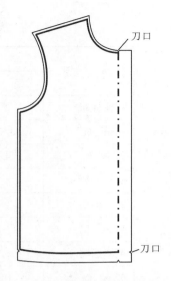

图 1-9　折边标记示意图

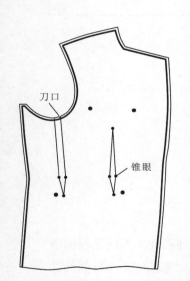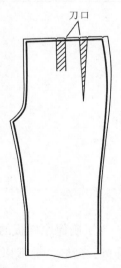

图 1-10　省道、褶裥标记示意图

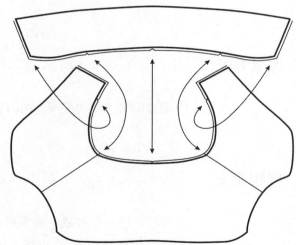

图 1-11　对位标记示意图

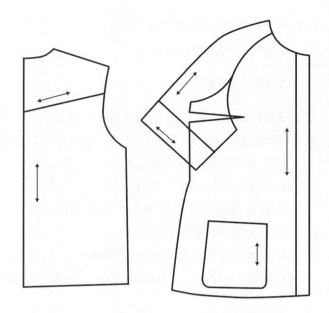

图 1-12
纱向标记示意图

样板文字标注 ••

样板制成后还要附以必要的文字说明，以便使用时不会出现混乱（大、中、小号分不清，老板新板分不清，改动前后分不清等）影响生产效率，同时也为了给样板的归档管理工作以规范的必要。

1. 文字标注内容

① 产品名称和有关编号。

② 产品号型规格。

③ 样板部件名称（需标明各部件具体名称）。

④ 不对称的样板要标明左右、上下、正反等标记。

⑤ 丝缕的经向标志。

⑥ 注明相关的片数，如袋口垫布、襻带等。

⑦ 对折的部位，要加以标注说明。

⑧ 要利用衣料光边的部件要标明边位。

2. 标字要求

① 标字常用的外文字母和阿拉伯数字应尽量用单字图章拼盖，其他的

相关文字要清楚地书写。

②标字符号要准确无误。

3.样板复核

虽然样板在放缝之前已经进行了检查，但为了保证样板准确无误，做完整套样板之后，仍然需要进行复核，复核的内容包括：

①审查样板是否符合款式特征。

②检查规格尺寸是否符合要求。

③检查整套样板是否齐全，包括面料、里料、衬料等样板。同时检查修正样板和定位样板等是否齐全。

④检查并合部位是否匹配与圆顺。

⑤检查文字标注是否正确，包括衣片名称、纱向、片数、刀口等。

4.样板整理

①当完成样板的制作后，还需要认真检查、复核，避免欠缺和误差。

②每一片样板要在适当的位置打一个直径约1.5 cm的圆孔，这样便于串连和吊挂。

③样板应按品种、款号和号型规格，分面、里、衬等归类加以整理。

④如有条件，样板最好实行专人、专柜、专账、专号归档管理。

1.4 服装工艺板

服装定形板

定形板一般采用不加放缝份的净样板，它属于净样模板。常见于领子、驳头、口袋、袖头等小部件，对外形有严格控制的一种工艺模板。

根据不同的使用方法定形板又可分为画线模板、缉线模板、扣边模板等。

1）画线模板

画线模板常用于画某部件翻边所用的准确位置线。如图1-13所示。

2）缉线模板

即直接覆于翻边部位、部件的几层之上，在机台上用手压紧，然后沿模板边外侧缉线。

3）扣边模板

扣边模板是用于某些部件止口只需单缉明线而不缉暗线，如贴袋等。使用时将扣边模板放置于布块的反面，周围留出所需的缝分，然后用熨斗将缝分折向净板，使止口边烫倒，这样就使得裁片最后保持了与净样板的一致性。如图1-14所示。

图 1–13
画线模板示意图

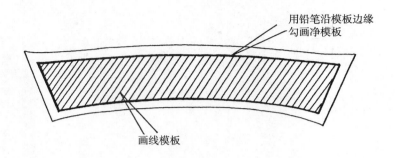

用铅笔沿模板边缘
勾画净模板

画线模板

图 1–14
扣边模板示意图

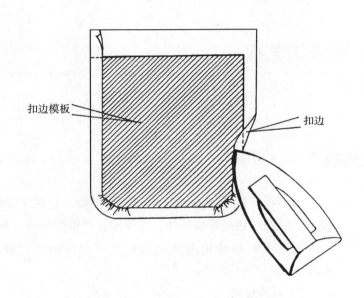

扣边模板

扣边

服装修剪板 ·······································

是用来修剪部件所用的，一板为毛板，有些部件由于对条对格的要求，在裁剪时有意放大以便修正，这时可用原裁剪板整板修正。

服装定位板 ·······································

在缝制过程或成型后用作对比，以掌握某些部位、部件位置是否正确的样板。主要用于不易钻眼定位的高档毛料产品的口袋、扣眼、省道等位置的定位。定位板多是以邻近相关部位为基准进行定位。如图 1–15 所示。

图 1-15
定位板示意图

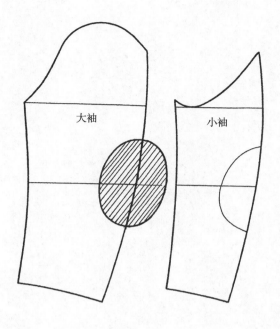

服装定量板 ......

　　主要用于掌握、衡量一些较长部位宽度、距离的小型模具，常用于折边部位。如各种上衣的底摆边、袖口折边、女裙底摆边、裤脚口折边等。如图1-16所示。

图 1-16
定量板示意图

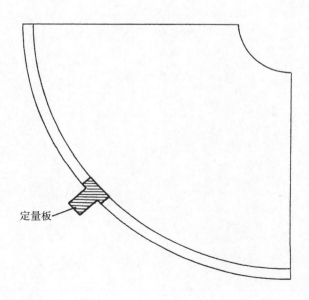

2

服装板型要求

　　服装板型是指服装结构图的形状，是一种服装纸样平面造型，是各种服装纸样的结构线、外轮廓线的组合及其平面的整体可视造型。结构设计要以人体为本来满足款式的要求，而服装板型的设计是在结构设计的基础上进行的必要修正与提高。服装板型的优劣将直接反映出服装成品的技术水准和档次。

2.1 服装结构设计原理

女装实用原型解析

1. 结构图解（图2-1～图2-3）

2. 制图说明

1）衣片（图2-1）

（1）画基础线：在画纸下方画一条平行线①，然后以此线为基础线。（2）画背中线：在基础线的左侧垂直画一条直线②可作为背中线。（3）画前中线：自背中线向右量1/2B画垂直线③即可确定前中线。（4）确定背长：根据背长的数值自基础线在背中线上画出背长即可。（5）画上平线：以背长线顶点为基点画一条平行线④作为上平线。（6）确定前腰节长：自上平线④向下量止前腰节长数值止即可。（7）确定袖窿深：自上平线④向下量，袖窿深=B/6+6（约）。（8）画后领口：后领口宽=1/5领围–0.5 cm，后领口深=1/3领宽（或定数2.5 cm）。（9）确定前片肩端点：前落肩=2/3领宽+0.5 cm（或=B/20+0.5 cm，也可以用定数约5.5 cm或用肩斜度20度来确定）。左右位置是自前中线向侧缝方向量1/2肩宽即可。（10）确定后片肩端点：后落肩=2/3领宽（或=B/20，也可以用定数5 cm，还可以用肩斜度来确定，落肩17度）。左右即横向位置是自背中线向侧缝方向量1/2肩宽+0.5 cm，然后画垂直线，该线与落肩线的交点即

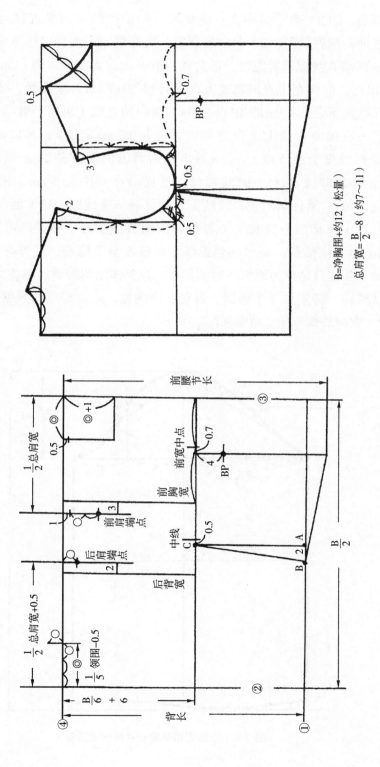

图 2-1 女装实用原型衣片结构图解

肩端点。（11）确定前胸宽：前肩端点向前中线方向平行移约3 cm画垂直线即前胸宽线。（12）确定后背宽：后片肩端点向背中线方向平行移约2 cm画垂直线即后背宽线。后背宽一般要比前胸宽大出约1 cm。（13）确定BP点：前胸宽中点向侧缝方向平行移约0.7 cm画垂直线，该线通过袖窿深线向下量约4 cm即BP点。（14）画斜侧缝线（也叫摆缝线）：在B/2中点（在袖窿深线上）向背中线方向移0.5 cm定C点，再以C点为基础画垂直线交于腰节线A点，A点再向后背方向平行移2 cm确定B点，最后连接CB即可。（15）画前领口：领宽=1/5领围–0.5 cm，领深=1/5领围+0.5 cm，然后画顺领口弧线。当画好领口弧线时，请实测量领口弧线的长度（包括后领口长）是否与领围的数值吻合，必要时可适当调整。（16）画袖窿弧线：要求画顺弧线，弧线造型要标准，要符合人体造型。辅助点和线只是作为画弧线时的参考，在具体制图时要以整体为主，局部服从整体。特别要考虑胸围、肩宽、前胸宽，后背宽等的数据协调关系。（17）画前后腰节线：请参阅图2–1。

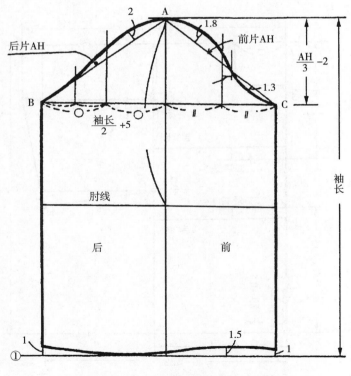

图2-2　女装实用原型一片袖结构图解

2）一片袖（图2-2）

（1）画基础线：在画纸的下方画一条水平线①即可。（2）确定袖长：自基础线向上垂直画袖长线即可。（3）确定袖山高：袖山高=1/3袖窿长－2（0～4）。袖山高的大小直接决定着袖子的肥瘦变化，袖山越高袖根越窄，袖山越低袖根越肥。（4）确定袖型的肥窄：当袖山高确定以后，袖型的肥窄就已经确定了。袖山斜线AB（直线）=后片袖窿长，AC（直线）=前片袖窿长。（5）确定袖肘线：在袖长的1/2处垂直向下移5 cm然后再画一条水平线即可。（6）画袖口线：袖口的大小可根据需要而设定，参阅图2-2。（7）画袖山弧线：参考辅助点线画顺弧线，参阅图2-2。

3）二片袖（图2-3）

（1）画基础线：在画纸的下方画一条水平线①即可。（2）确定袖长：自基础线向上垂直画袖长线②即可。（3）确定袖山高：袖山高=1/3袖窿长（参考值）。袖山高的大小直接决定着袖型的肥瘦变化，袖山越高袖根越窄，袖山越低袖根越肥。（4）确定袖型的肥窄：当袖山高确定以后，袖型的肥窄就已经确定了，袖山斜线AB=1/2袖窿长，B点自然确定，再以B点为中心向左右各平移3 cm画垂直线确定大小袖片的宽度。（5）确定袖肘线：自袖山底线至袖口线的1/2处向上移3 cm画水平线即可（也可在袖长的1/2处垂直向下移5 cm然后画一条水平线来确定）。（6）画袖山弧线的辅助点线：参阅图2-3。（7）画袖衩：画袖衩长12 cm，宽2 cm，参阅图2-3。（8）画袖山弧线：参考辅助点线画顺弧线。画好袖山弧线后请实测一下袖山弧线的长度，检验与袖窿弧线的数据关系，必要时可作适当调整。

省道的取得与变化

女装原型前片结构为符合女性体型特有的胸部隆起之造型，必须要有规则地去掉多余的量，进行科学地结构分解，使得女装原型能充分地展示出女性的风姿，突出女性优美的曲线。结构不仅要实用，而且要考虑造型的艺术视觉效果，这就要求设计者要设计出正确、合理的省道。

原型前片和后片的腰围线放在水平线上比较看一下，前片侧缝要比后片侧缝长出许多，这个长出的差数一般就成了省道的量分。因此，胸高隆起越大，后腰节长与前腰节长的差数就越大，理论上省道的量也就应该越大。相反胸高隆起的越小，后腰节长与前腰节长的差数就越小，理论上省道的量也就应该越小。

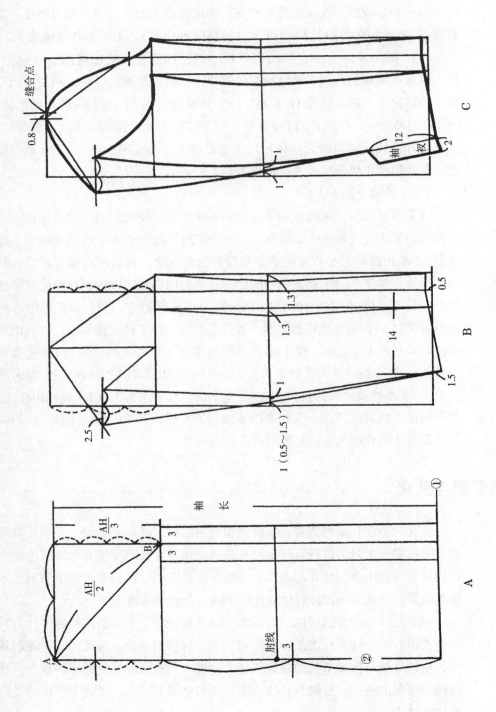

图 2-3 女装实用原型二片袖（原装袖）结构图解

1.前片省道的取得方法

1）转合法

先将原型样板在平面上放好（前中线朝右方向放置），然后以BP点为中点（不动点）让样板自右向左（肩颈点向肩端点方向移动）转动至斜腰线成为平行线止，然后在外形线找准一点移动的量即省道，如图2-4所示。

2）剪接法

首先根据前后片侧缝线长度的差数设计出腋下省（前片基础省道），然后将此省剪开并去掉省量，再用合拼此省的方法来求出其他省分。这是用量的转换原理来求得省道的基本方法，如图2-5所示。

3）直收法

根据自己对结构知识的掌握与理解，在结构设计的过程中直接设计出所需的省道。直收法要求设计师必须要有较好的结构设计知识和制板经验。

2.后片肩省的取得

人体的背部也不是规则的平面，比较突出的是两个肩胛骨突点，这就要求在进行后片结构设计时必须要考虑如何正确地设计后片肩省，使后片结构造型符合人体造型的需要。

1）后片肩省的取得

2）设计说明

①省的大小：省大为定数1.5 cm，省长为定数8.5 cm（女式160/84A）。②省的位置：自肩颈点沿着肩斜线侧移4.5 cm确定一点，然后画斜线连接袖窿深线，请参阅图2-6。③落肩：落肩加大0.7 cm，因为缝合肩省后落肩将上提约0.7 cm。

3.连衣裙省道分析

从连衣裙造型上可以很直接地看到女子胸围、腰围、臀围三围的数据比例关系。三围的数据比例，对于正确设计女装各部位省道、把握服装整体结构设计都有着决定性的作用。无论是紧身贴体装还是宽松式休闲装，在进行结构设计时都要求对三围的比例关系、数理概念有一定的掌握。如，女子160/84，三围参值为：腰围68 cm，腰围68 cm+16 cm=胸围84 cm，胸围84 cm+8 cm=臀围92 cm，具体号型分类请参阅本书"服装规格系列编制"。请参阅图2-7、图2-8。

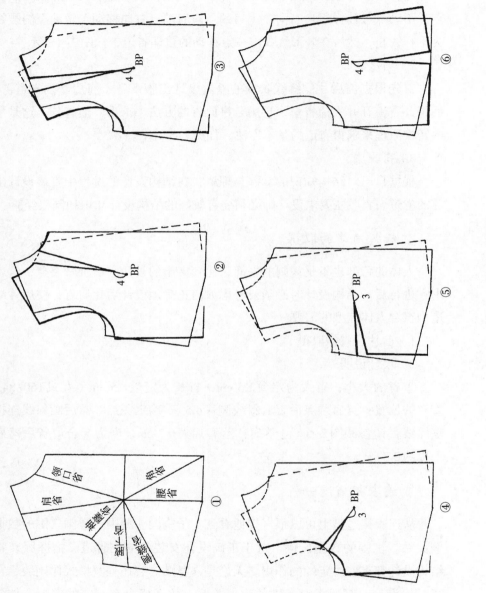

③

⑥

②

⑤

①

领口省

肩省

袖窿省

腰省

④

图 2-4　转合活省道的取得图解

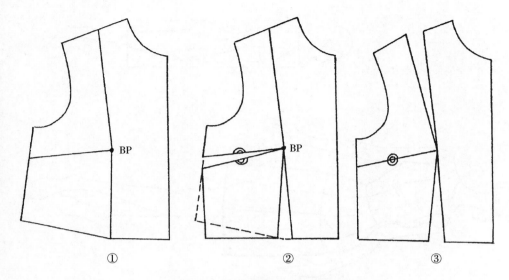

①   ②   ③

图 2-5　剪接法省道的取得图解

图 2-6
后片肩省的取得图解

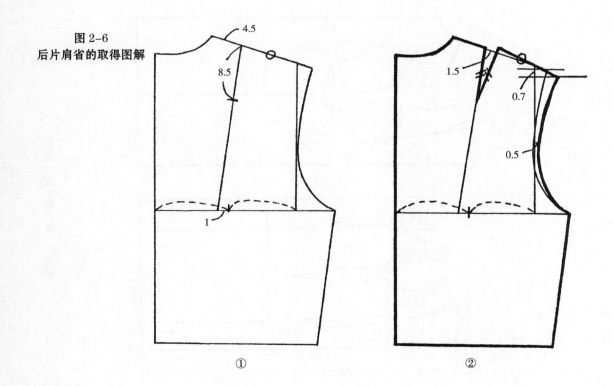

①   ②

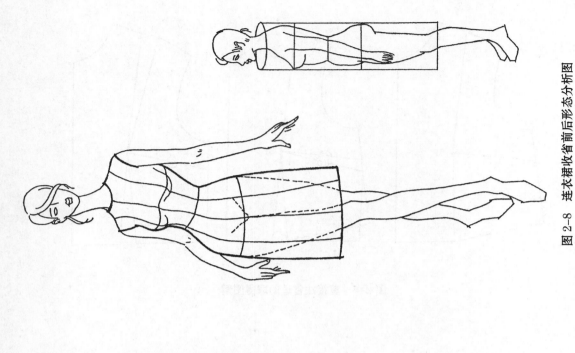

图 2-8　连衣裙收省前后形态分析图

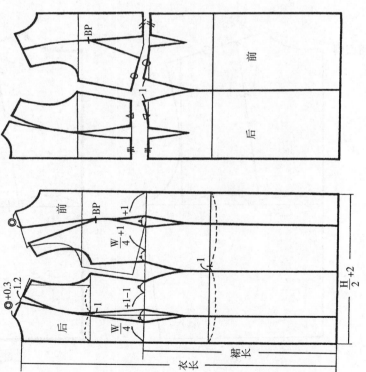

图 2-7　连衣裙省道分析图

4. 女装部位加放尺寸（表2-1）

表 2-1　女装部位加放尺寸参考表　　　　　　　　单位：cm

款　式	长　度　标　准		围　度　加　放　尺　寸				测量基础	成品内可穿
	衣　长	袖　长	胸　围	腰　围	臀　围	领　围		
短袖衫	腕下 3	肘上 4	10～14		8～10	1.5～2.5	衬衫外量	汗　衫
长袖衫	腕下 5	腕下 2	10～14		8～10	1.5～2.5	衬衫外量	汗　衫
连衣裙	膝上 3～膝下 25	肘上 4	6～9	4～8	7～10	2～3	衬衫外量	汗　衫
旗　袍	脚底上 18～25	齐手腕	6～9	4～8	6～8	2～3	衬衫外量	汗　衫
西　服	腕下 10	腕下 2	12～16	10～12	10～13		衬衫外量	一件毛衣
两用衫	腕下 8	腕下 3	14～17		12～16	3～4	衬衫外量	毛衣及马甲各一件
短大衣	腕下 15	齐虎口	23～28		20～24	4～6	一件毛衣外　量	毛衣、马甲、两用衫
中大衣	膝上 4	齐虎口	23～28		20～24	4～6	一件毛衣外　量	毛衣、马甲、两用衫
长大衣	膝下 20	齐虎口	23～28		20～24	4～6	一件毛衣外　量	毛衣、马甲、两用衫
长　裤	腰节上 4～离地 2		23～28	2～4	8～15		单　裤	
中长裤	腰节～膝			2～4	8～15		单　裤	
短　裤	腰节～（臀围下下 15～26）			2～4	8～15		单　裤	
长　裙	腰节～离地			2～4	10～18			
中长裙	腰节～（膝上 10～下 10）			2～4	8～16			
超短裙	腰节～（臀围下 20～30）			2～4	4～8			

男装实用原型解析 ••

1. 基本型的绘制

男女有别，体型特征有着很大的差异，因而设计师要按男女各自的体型特征来设计不同的原型。女装原型主要考虑到女体胸部隆起，以BP点为基点设计出必要的省道，以使得服装能准确地反映出女体胸部隆起、腰细、臀大、颈细的特点；而男人体型特点则是肩宽、臀小、腰节偏低、胸部肌肉发达、颈粗等，男装原型的设计就要与这些体型特征相吻合，表现出男子体型健壮魁梧之风貌。

1）男装实用原型结构图解

2）制图说明

衣片（图2-9）

（1）画基础线：在画纸下方画一条平行线①，然后以线①为基础线。（2）画背中线：在基础线的左侧垂直画一条直线②可作为背中线。（3）画前中线：自背中线向右量B/2画垂直线③即可确定前中线。（4）确定背长：根据背长的数值自基础线在背中线上画出背长即可。（5）画上平线：以背长线顶点为基点画一条平行线④即作为上平线。（6）确定袖窿深：自上平线向下量，袖窿深=B/6+7 cm（约7～10 cm）。（7）画后领口：后领口宽=1/5颈围−0.5 cm，后领口深=1/3领宽（或定数2.5 cm）。（8）画前领口：前领深=1/5领围+0.5 cm，前领宽=1/5领围−0.5 cm，然后画顺领口弧线。当画好领口弧线时，请实测量领口弧线（包括后领口长）的长度是否与领围的数值吻合，必要时可适当调整。请参阅图2-9画领口弧线。（9）确定前片肩端点：前落肩=约5.5 cm（或=B/20+0.5 cm，也可以2/3领宽+0.5 cm，还可以用肩斜度19度来确定）。左右位置是自前中线向侧缝方向量1/2肩宽即可确定A点。（10）确定后片肩端点：后落肩=5 cm（或=B/20，也可以2/3领宽，还可以用肩斜度18度来确定）。左右即横向位置是自背中线向侧缝方向量1/2肩宽+0.5 cm，然后画垂直线，该垂直线与落肩线的交点B即肩端点。（11）确定前胸宽：前肩端点向前中线方向平行移约3 cm画垂直线即前胸宽线。（12）确定后背宽：后片肩端点向背中线方向平行移约2 cm画垂直线即后背宽线。后背宽一般要比前胸宽大出约1 cm。（13）画侧缝线（也叫摆缝线）：在B/2中点（袖窿深线上）画垂直线CD即可。（14）画顺领口弧线：请参阅图2-9。（15）画袖窿弧线：要求画顺弧线，弧线造型要标准，要符合人体造型。辅助点和线只是作为画弧线时的参考，在具体制图时要以整体为主，局部服从整体。特别要考虑胸围、肩宽、前胸宽、后背宽等的数据协调关系。（16）画腰节线：请参阅图2-9。

一片袖：请参阅女装原型一片袖的设计方法（图2-2）

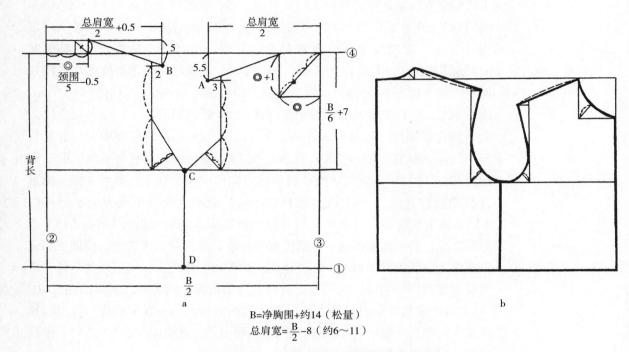

B=净胸围+约14（松量）

总肩宽=$\frac{B}{2}$-8（约6～11）

图2-9　男装实用原型结构图·衣片

2.驳领式上衣原型

男驳领式上衣原型比较适合于男装的外套所用，尤其是西装上衣，驳领领型款式服装一般有大衣、风衣、礼服、茄克服等。该原型的特点是根据人体的体型进行了撇胸、后背撇势等特别处理。这样的结构造型比较严谨，穿着者的感受及外形效果都比较理想。胸围线和腰围线的长短比例，在具体款式结构设计时可做灵活调整。

1）男驳领式上衣原型结构图解

衣片：（1）画基础线：在画纸下方画一条平行线，然后以此线为基础线。（2）画背中线：在基础线的左侧垂直画一条直线可作为背中线。（3）画前中线：自背中线向门襟方向量B/2画垂直线即可确定前中线。（4）确定背长：根据背长的数值，自基础线在背中线上定出背长即可。（5）画上平线：以背长线顶点为基点画一条平行线即作为上平线。（6）确定袖窿深：自上平线向下量，袖窿深=B/6+8 cm（约7～10 cm）。（7）画前撇胸：上平线与前中线交点向袖窿方向平移2 cm定一点，然后连接袖窿深线与前中线的交点，该斜线即是撇胸线。撇胸线最后要用弧线画顺。（8）画后片撇势：后中线与上平线的交点向袖窿方向平移0.5 cm确定一点，然后该点连接上平线与袖窿深线的1/3处（在后中线上）画顺弧线即可。（9）画后领口：后领口宽=1/5领围+0.6 cm，后领口深=1/3领宽（或定数2.5 cm）。（10）画前领口：前领宽=1/5领围+0.6 cm（或1/2前胸宽–0.6 cm，前领深可以根据缺嘴的高低需要而定。请参阅图2-10画领口线）。（11）确定前片肩端点：前落肩=约5 cm，或=B/20。左右位置是自前中线向侧缝方向量1/2肩宽+1.5 cm即可。（12）确定后片肩端点：后落肩=4.5 cm，或=B/20–0.5 cm，左右即横向位置是自背中线向侧缝方向量1/2肩宽+1 cm，然后画垂直线，该线与落肩线的交点即肩端点。（13）确定前胸宽：前肩端点向前中线方向平行移约3.5 cm画垂直线即前胸宽线。（14）确定后背宽：后片肩端点向背中线方向平行移约2.5 cm画垂直线即后背宽线。后背宽一般要比前胸宽大出约1 cm。（15）画袖窿弧线：要求画顺弧线，弧线造型要标准，要符合人体造型。辅助点和线只是作为画弧线时的参考，在具体制图时要以整体为主，局部服从整体。特别要考虑胸围、肩宽、前胸宽、后背宽等的数据协调关系，请参阅图2-10。（16）分开前后片：自袖窿深线沿后背宽线上移4.5 cm画水平线，得出与袖窿弧线的交点（翘点），然后以此点连接腰节线，请参阅图2-10。（17）画腰节线：请参阅图2-10。

2）男驳领式上衣原装轴（二片袖）结构图解见图2-11

原装袖袖片：（1）画基础线：在画纸的下方画一条水平线即可。（2）确定袖长：自基础线向上垂直画袖长线即可。（3）确定袖山高：袖山高=1/3袖窿长（参考值）。袖山高的大小直接决定着袖子的肥瘦变化，袖山越高袖根越窄；袖山越低袖根越肥。（4）确定袖肥：当袖山高确定以后，袖型的肥窄就已经确定了。袖山斜线AB=1/2袖窿长+0.5 cm，B点自然确定，再以B点为中心向左右各平移3 cm然后画垂直线确定大小袖片的宽度。（5）确定袖肘线：自袖山底线至袖口线的1/2处向上3 cm画水平线即可（也可在袖长的1/2处垂直向下移5 cm然后画一条水平线来确定）。（6）画袖山弧线的辅助点线：参阅图2-11。（7）画袖衩：袖衩长13 cm，宽2 cm，参阅图2-11。（8）画袖山弧线：参考辅助点线画顺弧线，画好袖山弧线后请实测一下袖山弧线的长度，检验与袖窿弧线的数据关系，必要时可作适当调整，参阅图2-11。

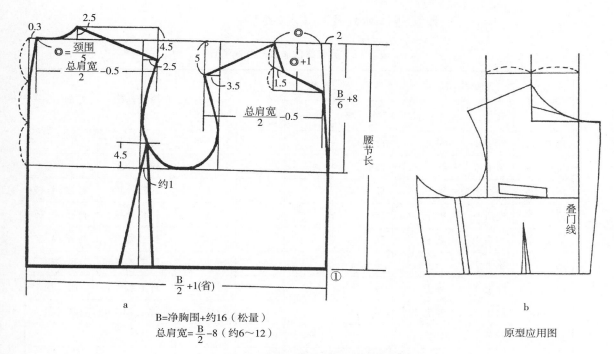

a

B=净胸围+约16（松量）
总肩宽=$\frac{B}{2}$-8（约6~12）

b

原型应用图

图 2-10　男驳领式上衣衣片原型结构图解

图 2-11
男驳领式上衣
原装袖（二片袖）
结构图解

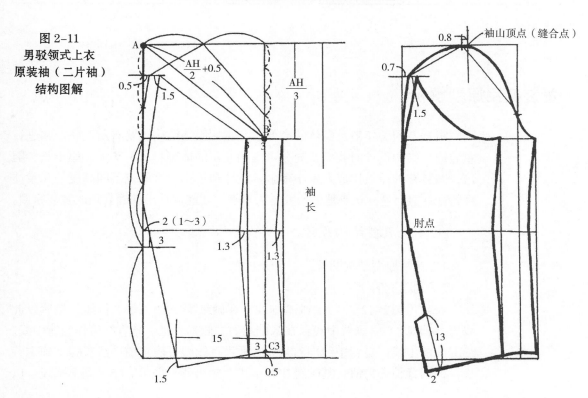

3. 男装部位加放尺寸（表2-2）

表 2-2　男装部位加放尺寸参考表　　　　　　　　　单位：cm

款　式	长度标准		围度加放尺寸				测量基础	成品内可穿
	衣　长	袖　长	胸　围	腰　围	臀　围	领　围		
短袖衬衫	腕下 4	肘上 7	18～22			1.5～2.5	衬衫外量	汗　衫
长袖衬衫	腕下 6	腕下 3	18～22			1.5～2.5	衬衫外量	汗　衫
西　装	中指中节	腕下 3	17～22				衬衫外量	衬衫、毛衣
两用衫	虎口下 1	腕下 3	19～23			4～5	衬衫外量	衬衫、毛衣
中山装	中指中节	腕下 3	18～23			2～3	衬衫外量	衬衫、毛衣
短大衣	腕下 15	齐虎口	26～33			5～7	一件毛衣外量	西　服
中大衣	膝上 4	齐虎口	26～33			5～7	一件毛衣外量	西　服
长大衣	膝下 25	齐虎口	26～33			5～7	一件毛衣外量	西　服
长　裤	腰节上 3～离地 2			1～4	9～15			
短　裤	腰节～（膝上 5～16）			1～4	9～15			

童装实用原型解析 ···

　　根据不同的年龄及身体的高低，儿童的服装结构也要有所调整。在进行童装原型结构设计时我们要充分考虑到儿童的体型特征：头大、躯干长、腿短、胸腰臀的差数比成人要小得多。设计师还要认真研究不同高度的儿童体型特征，只有这样认真地去研究、去理解，才能设计出准确合理的童装原型。

　　1. 童装原型结构设计

　　1）童装原型结构图解

　　2）制图说明

　　衣片（图2-12）：（1）画基础线：在画纸下方画一条平行线，然后以此线为基础线。（2）画背中线：在基础线的左侧垂直画一条直线可作为背中线。（3）画前中线：自背中线向右量 B/2 画垂直线即可确定前中线。（4）确定背长：根据背长的数值自基础线在背中线上画出背长即可。（5）画上平线：以背长线顶点为基点画一条平行线作为上平线。(6)确定袖窿深：自上平线向下量，袖窿深=B/6+6 cm(约5～9 cm)。(7)画后领口：后领口宽=1/5颈围+1 cm，后领口深=1/3领宽(或定数2 cm)。(8)画前领口：前领深=1/5领围+1 cm，前领宽=1/5领围，请参阅图2-12画领口弧线。(9)确定前片肩端点：前落肩=约4.5 cm，左右位置是自前中线向侧缝方向量1/2肩宽即可。(10)确定后片肩端点：后落肩=约3.5 cm，左右即横向位置是自背中线向侧缝方向量1/2肩宽+0.7 cm，然后画垂直线，该线与落肩线的交点即肩端点。(11)确定前胸宽：前肩端点向前中线方向平行移约2.8 cm画垂直线即前胸宽线。(12)确定后背宽：后片肩端点向背中线方向平行移约1.8 cm画垂直线即后背宽线。后背宽一般要比前胸宽大出约1 cm。(13)画侧缝线(也叫摆缝线)：在B/2中点(在袖窿深线上)画垂直线交于腰节线。(14)画顺领口弧线：请参阅图2-12。(15)画袖窿弧线：要求画顺弧线，弧线造型要标准，要符合人体造型。辅助点和线只是作为画弧线时的参考，在具体制图时要以整体为主，局部服从整体。特别要考虑胸围、肩宽、前胸宽、后背宽等的数据协调关系。(16)画腰节线，请参阅图2-12。

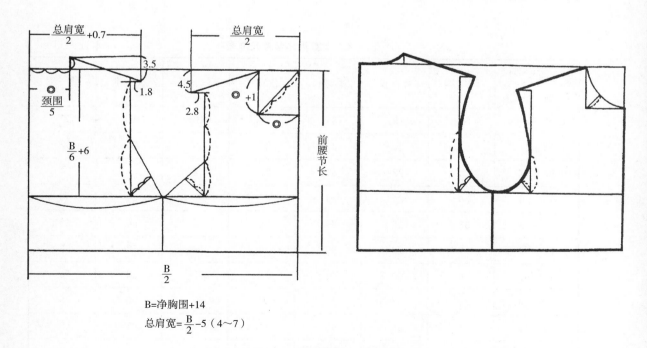

B=净胸围+14

总肩宽=$\dfrac{B}{2}$-5(4～7)

图2-12　3～10岁童装原型结构图解

2.儿童量体数据参考值（表2-3、2-4）

表2-3 男童量体参考尺寸表　　　　　　　　　　　　单位：cm

规格 号型 部位	胸 围	背 长	手臂长	总肩宽	头 围	腰 围	臀 围
80/50	50	19	24	24	48	48	50
88/52	52	20	27	25	50	50	52
96/54	54	22	30	26	52	52	54
104/56	56	24	33	27	53	54	58
112/58	58	26	36	28.5	53	56	60
120/62	62	28	39	30	54	58	62
128/66	66	30	42	31.5	54	60	66
136/70	70	32	45	33	55	62	70
144/74	74	34	48	34.5	55	64	74
152/78	78	36	51	36	56	65	78
160/82	82	39	54	38	56	66	82

表2-4 女童量体参考尺寸表　　　　　　　　　　　　单位：cm

规格 号型 部位	胸 围	背 长	手臂长	总肩宽	头 围	腰 围	臀 围
80/50	50	19	24	24	48	48	50
88/52	52	20	27	25	50	50	52
96/54	54	22	30	26	52	52	54
104/56	56	24	33	27	53	54	58
112/58	58	26	36	28.5	53	56	62
120/62	62	28	39	30	54	58	66
128/66	66	30	42	31.5	55	59	70
136/70	70	32	45	33	55	60	76
144/74	74	34	48	34.5	56	61	80
152/78	78	36	51	36	56	62	84

2.2 多种服装原型结构设计方法图解

文化式女装上衣原型（图2-13）

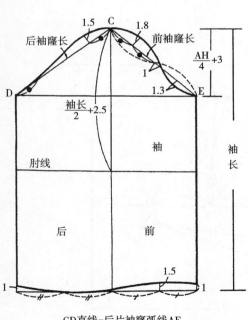

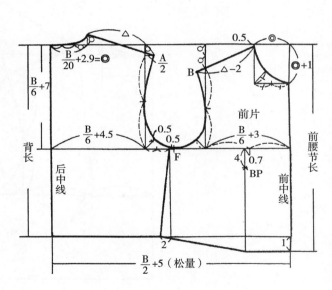

CD直线=后片袖窿弧线AF
CE直线=前片袖窿弧线BF
B=净胸围

图 2-13　文化式女装上衣原型结构图解

基样式女装上衣原型（图2-14）••••••••••••••••••••••••••••••••••••••

图 2-14
基样式女装
上衣原型结构图解

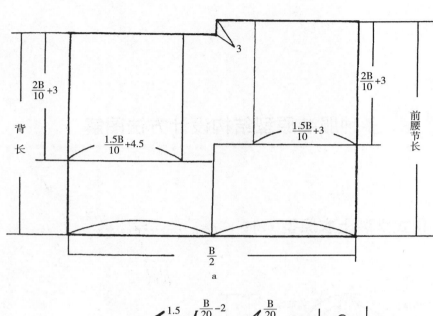

a

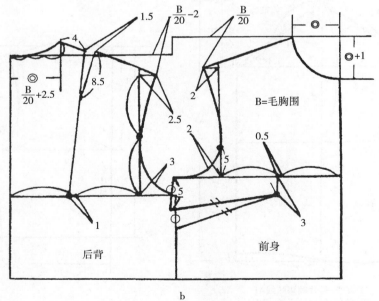

b

胸度式男外套上衣原型（图2-15）••••••••••••••••••••••••••••••••

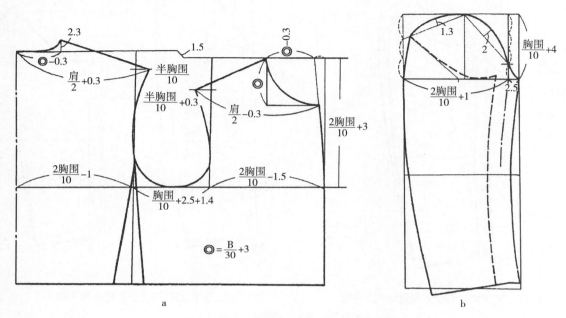

图 2-15 胸度式男外套原型结构图解

文化式男装上衣原型（图2-16～图2-19）••••••••••••••••••••••••

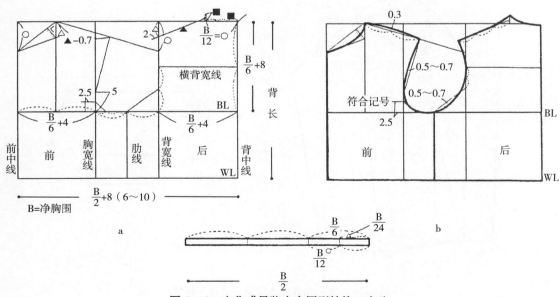

图 2-16 文化式男装上衣原型结构·衣片

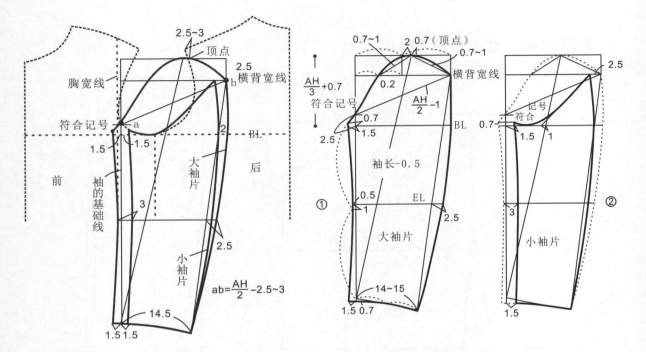

图 2-17　文化式男装上衣原型结构·袖片　　　　图 2-18　文化式男装上衣原型结构·袖片

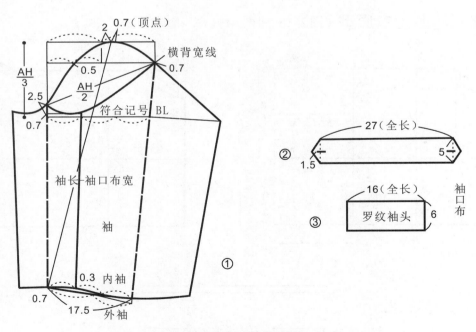

图 2-19　文化式男装上衣原型结构·袖片

美式女装上衣原型（图2-20）••

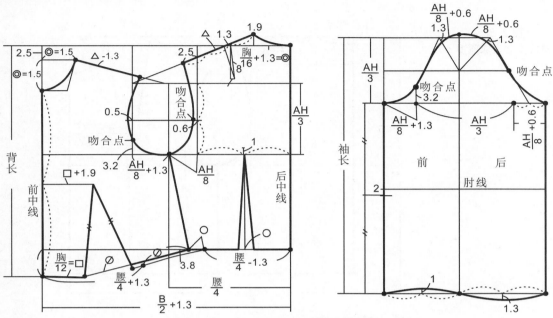

图 2-20　美式女装上衣原型结构图解

登丽美式女装上衣原型（图2-21）••••••••••••••••••••••••••••••••••

图 2-21
登丽美式女装
上衣原型

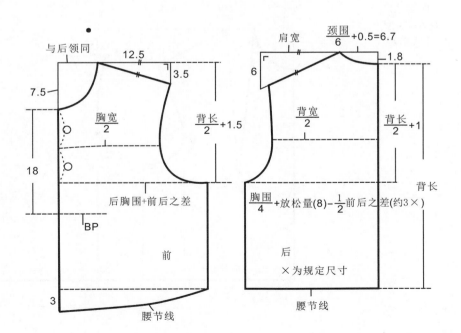

英式女装上衣原型（图2-22）

图 2-22
英式女装上衣原型

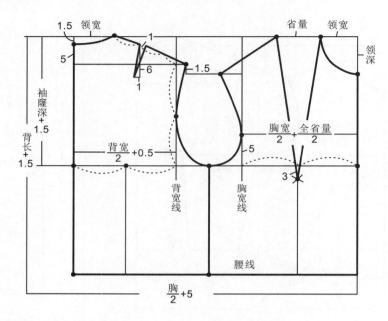

日本伊东式上衣原型（图2-23）

图 2-23
日本伊东式
上衣原型

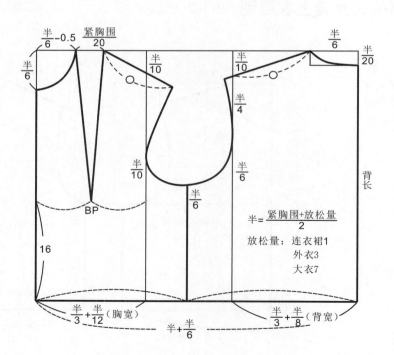

2.3 服装标准净板板型参考

二粒扣四开身男式西装（图2-24、图2-25）

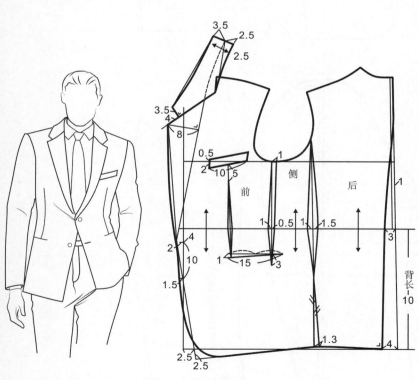

图 2-24　二粒扣四开身男式西装
净板板型·衣身

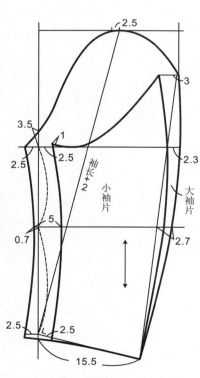

图 2-25　二粒扣四开身男式西装
净板板型·袖片

六开身加宽男式西装板型（图2-26、图2-27）∙∙∙∙∙∙∙∙∙∙∙∙∙∙∙∙∙∙∙∙∙∙∙∙∙∙∙∙∙∙∙∙∙∙∙∙∙

图 2-26
六开身加宽男式
西装板型·衣身

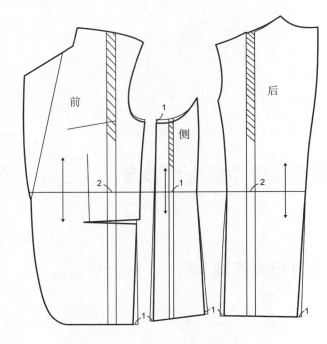

图 2-27
六开身加宽男式
西装板型·袖片

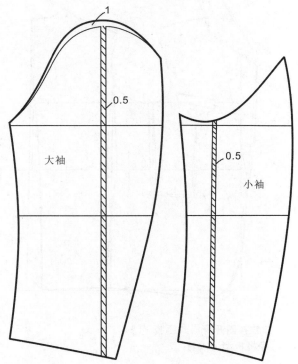

肥胖型双排扣男式西装板型（图2-28）••••••••••••••••••••••••••••••••••

图 2-28
肥胖型双排扣
男式西装板型

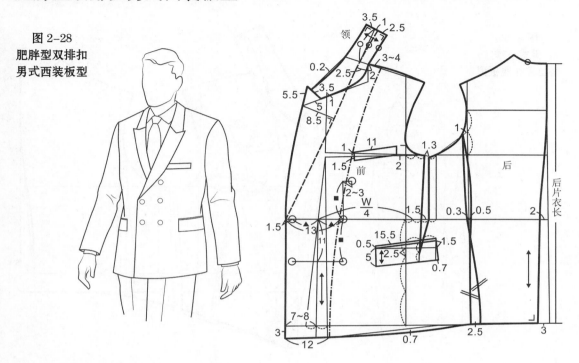

加腹省六开身男式西装板型（图2-29）••••••••••••••••••••••••••••••••••

图 2-29
加腹省六开身
男式西装板型

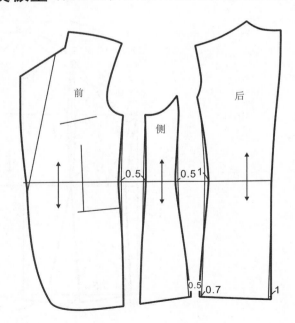

男式夏季塔士多礼服板型（图2-30）••

图 2-30
男式夏季
塔士多礼服板型

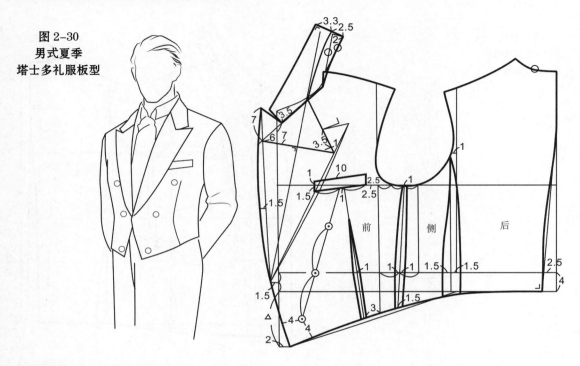

多种袖片板型（图2-31～图2-34）••

图 2-31
袖片板型之一

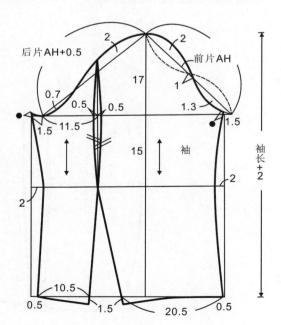

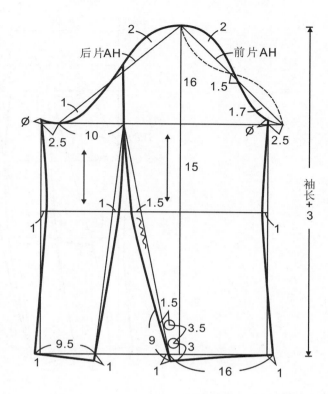

图 2-32
袖片板型之二

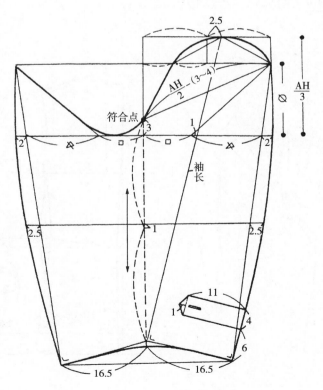

图 2-33
袖片板型之三

图 2-34
袖片板型之四

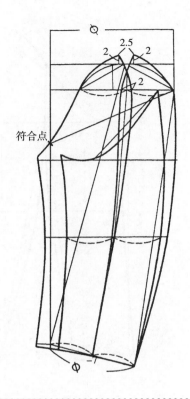

女式西装板型（图2-35、图2-36）

图 2-35 女式
西装板型·衣身

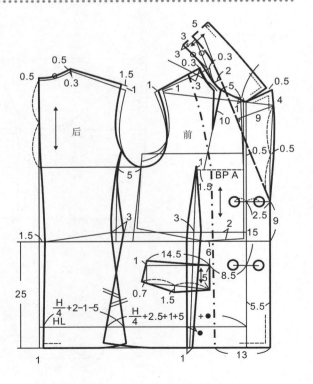

图 2-36 女式
西装板型·袖片

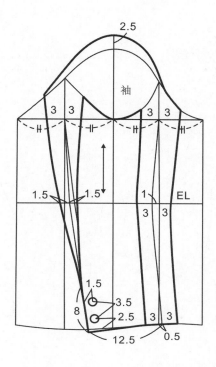

贴袋背心板型（图2-37）

图 2-37
贴袋背心板型

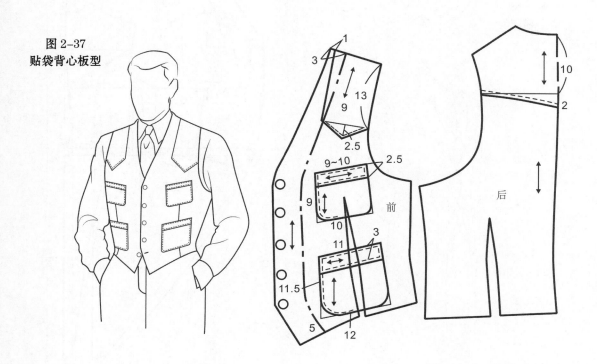

男式西装背心板型（图2-38）·································

图 2-38
男式西装背心板型

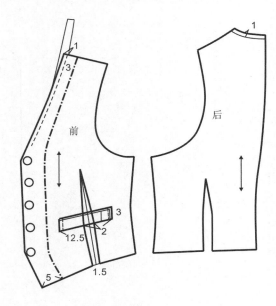

晨礼服板型（图2-39）·································

图 2-39
晨礼服板型

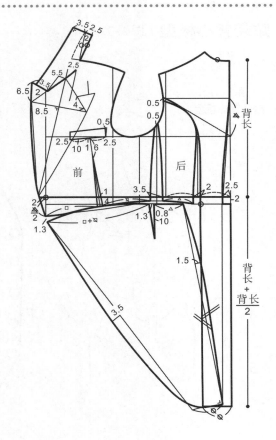

燕尾服板型（图2-40）

图 2-40
燕尾服板型

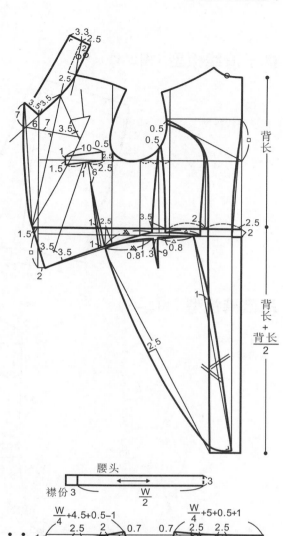

裙装板型（图2-41）

图 2-41
裙装板型

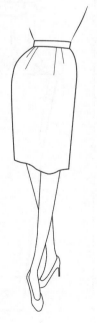

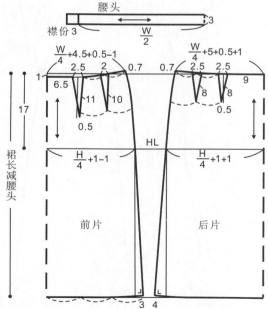

腰头

襟份 3 $\frac{W}{2}$ 3

$\frac{W}{4}+4.5+0.5-1$ $\frac{W}{4}+5+0.5+1$

前片   后片

$\frac{H}{4}+1-1$ $\frac{H}{4}+1+1$

HL

裤子浪线板型（图2-42）··

图 2-42
裤子浪线板型

吊带裤板型（图2-43）

图 2-43
吊带裤板型

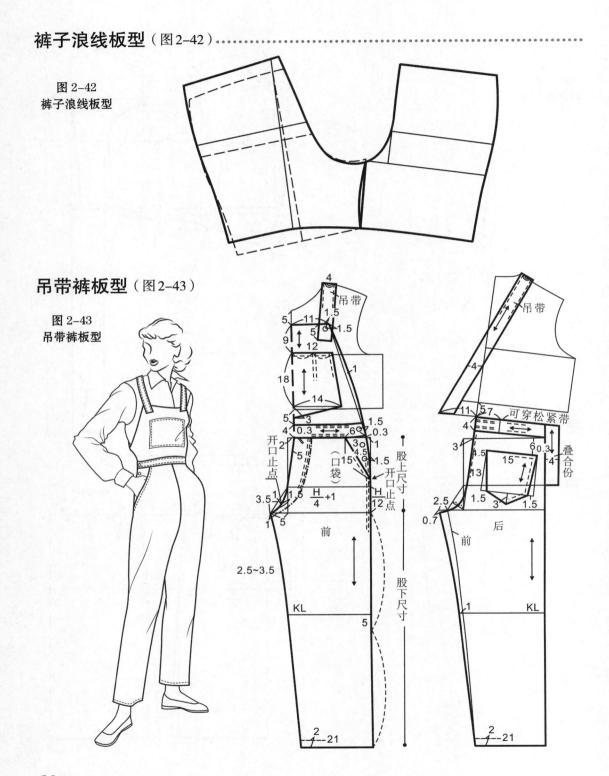

长连衣裙板型之一（图2-44）

图 2-44
长连衣裙板型之一

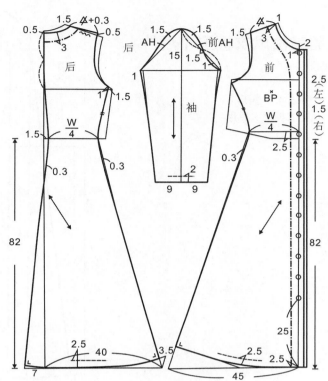

长连衣裙板型之二

（图2-45）

图 2-45
长连衣裙板型之二

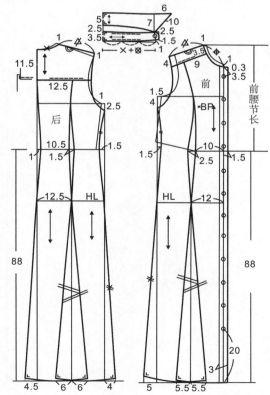

插肩袖风衣板型（后片）

（图2-46）

图 2-46 插肩
袖风衣板型·后片

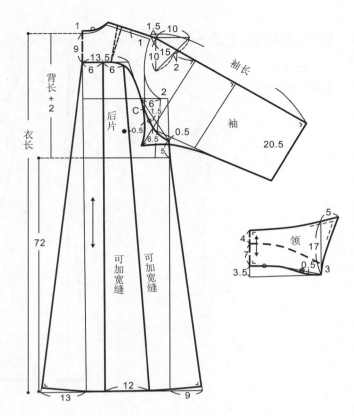

男式风衣板型（图2-47）

图 2-47
男式风衣板型

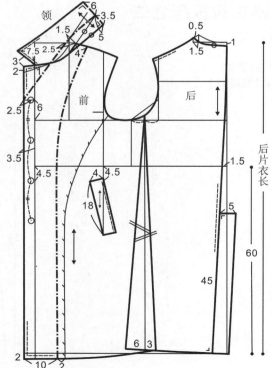

女式风衣板型（图2-48）

图2-48
女式风衣板型

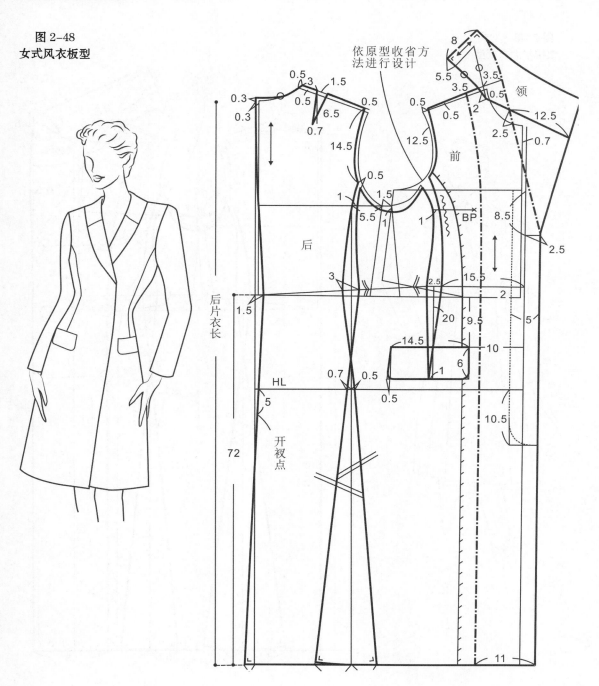

女式双排扣大衣板型（图2-49）

**图2-49　女式
双排扣大衣板型**

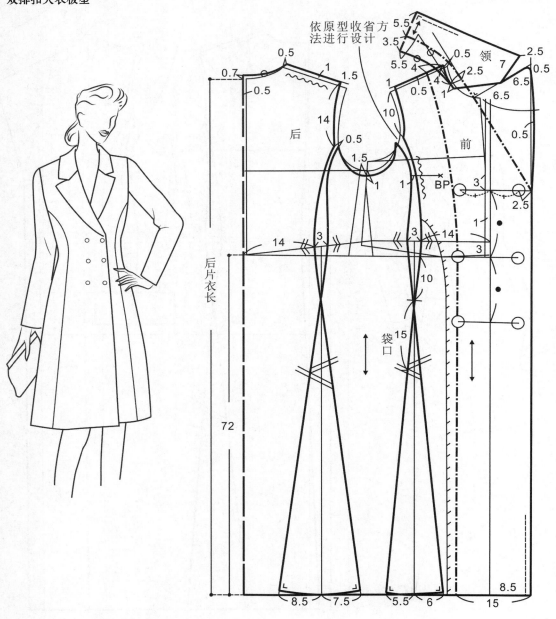

3

服装规格系列

　　服装规格是制作样板、裁剪、缝纫、销售环节中重要的内容之一，更是决定成衣的质量和商品性能的重要依据。由于每个国家的国情不同，人体体型也各有差异，因此每个国家都有自己的服装号型标准。这些标准是根据国际标准化组织提供的服装尺寸，以及系统人体测量术语、测量方法和尺寸代号，结合本国国情而制定的。

3.1 服装标准的级别分类

服装标准按级别可分为国际标准、国家标准、专业标准、行业标准、企业标准、内控标准。国际标准是由国际标准化团体通过的相关标准。国际标准化团体有国际标准化组织（ISO）、国际羊毛局（IWS）等。

国家标准是由国家标准化主管机构批准、发布，在全国范围内统一执行的标准。国家标准简称"国标"，它的代码是"GB"。目前，服装工业系统中，经国家标准总局批准并颁布的有"服装号型""男女单服装"等数十种标准。

根据国家技术监督局、国家纺织工业协会近年对标准的清理整顿和复查，服装产品的标准大多已确定为推荐性标准，如"GB/T 2664—2001男西服、大衣"，"GB"是"国标"这两个字的拼音首字母大写的组合，"T"表示该标准为推荐性标准，"2664"为标准号，"—2001"表示该标准的制定时间。服装国家标准部分代号与内容见表3–1。

表3–1　服装国家标准部分代号与内容

序号	标准代号	标准内容
1	GB/T 1335.1—2008	服装号型 男子
2	GB/T 1335.2—2008	服装号型 女子
3	GB/T 1335.3—2009	服装号型 儿童
4	GB/T 2660—2017	衬衫
5	GB/T 2662—2017	棉服装
6	GB/T 2664—2017	男西服、大衣

序号	标准代号	标准内容
7	GB/T 2665—2017	女西服、大衣
8	GB/T 2666—2017	男、女西裤
9	GB/T 2667—2017	衬衫规格
10	GB/T 2668—2017	单服、套装规格
11	GB/T 15557—2008	服装术语
12	QB/T 1002—2015	皮鞋
13	FZ/T 81010—2009	风衣
14	GB/T 14272—2011	羽绒服装
15	GB/T 14304—2008	毛呢套装规格

3.2 服装规格系列的产生

服装号型系列的规定

1.号型

号是指高度，是用厘米表示的人体高度；型是指围度，是以厘米表示的人体围度，如胸围、腰围、臀围等。号型规格是用号型概括说明某一服装的长短和肥瘦的，是服装长短和肥瘦的制图依据。我国标准体男子总体高 170 cm，胸围 88 cm，腰围 74 cm；标准体女子总体高 160 cm，胸围 84 cm，腰围 67 cm。

2.号型系列

号型系列是以男子 170 cm、女子 160 cm 的身高为中间体，上下身高以 5 cm（130 cm 以下儿童分档为 10 cm），胸围 4 cm、腰围 4 cm 或 2 cm 进行分档，递增或递减排成系列，为 5·4 系列和 5·2 系列。5·4 系列是上装的规格排列，5·2 系列是下装的规格排列。号型系列以各体型中间体为中心，向两边依次递增或递减组成。服装规格亦以此系列为基础按需加放松量进行设计。见表 3-2、表 3-3。

表 3-2　男子体型分类　　　　　　单位：cm

人体体型代号	Y	A	B	C
胸围与腰围差数	17～22	12～16	7～11	2～6

表 3-3　女子体型分类　　　　　　单位：cm

人体体型代号	Y	A	B	C
胸围与腰围差数	19～24	14～18	9～13	4～8

3.服装号型表示方法

号与型之间用斜线分开，后接体型分类代号。

例：上装170/88A。其中，170代表号，88代表型，A代表体型分类。下装170/74A。其中，170代表号，74代表型，A代表体型分类。

4.服装号型系列分档数值参考（表3-4）

表3-4　服装号型系列分档数值参考表(按5.4系列分档)　　　单位：cm

部位 性别 代号		Y	A	B	C	档差值
身　高	男	170	170	170	170	5
	女	160	160	160	160	
颈椎点高	男	145	145	145.5	146	4
	女	136	136	136.5	136.5	
胸　围	男	88	88	92	96	4
	女	84	84	88	88	
颈　围	男	36.4	36.8	38.2	39.6	1
	女	33.4	33.6	34.6	34.8	0.8
肩　宽	男	44	43.6	44.6	45.2	1.2
	女	40	39.9	39.8	40.5	1
臂　长	男	55.5	55.5	55.5	55.5	1.5
	女	50.5	50.5	50.5	50.5	
坐姿长	男	66.5	66.5	67.5	67.5	2
	女	62.5	62.5	63	62.5	
腰围高	男	103	102.5	102	102	3
	女	98	98	98	98	
腰　围	男	70	74	84	92	4 ※
	女	64	68	78	82	
臀　围	男	90	90	95	97	Y、A3.2※ B、C2.8※
	女	90	90	96	96	Y、A3.6※ B、C3.2※

※ 下装采用5·2系列时,将此分档数按1/2分档即可。

3.3 服装号型分档

女装号型分档

　　服装上标明的号的数值，表示该服装适用于总体高与此号相近似的人。例如，160号，适用于总体高158～162 cm的人，依此类推。

　　服装上标明的型的数值及体型分类代号，表示该服装适用于胸围或腰围与此型相近似及胸围与腰围之差数在此范围之内的人。例如，上衣84A型，适用于胸围82～85 cm及胸围与腰围之差数在18～14 cm之内的人。下装68A型，适用于腰围67～69 cm及胸围与腰围之差数在18～14 cm之内的人，依此类推。

　　号型系列以各体型中间体为中心，向两边依次递增或递减组成。服装规格也应以此系列为基础同时按需要加上放松量进行设计。身高以5 cm分档组成系列。胸围、腰围分别以4 cm、3 cm、2 cm分档组成系列。身高与胸围、腰围搭配分别组成5·4、5·3、5·2号型系列，见表3-5～表3-8。

男装号型分档

　　服装上标明号的数值，表示该服装适用于总体高与此号相近似的人。例如，170号，适用于总体高168～172 cm的人，依此类推。

　　服装上标明的型的数值及体型分类代号，表示该服装适用于胸围或腰围与此型相近似及胸围与腰围之差数在此范围之内的人。例如，上衣88A型，

表3-5 5·4Y、5·2Y号型系列表　　　　　　　　单位：cm

胸围＼身高比例	Y															
	145		150		155		160		165		170		175		180	
72	50	52	50	52	50	52	50	52								
76	54	56	54	56	54	56	54	56	54	56						
80	58	60	58	60	58	60	58	60	58	60	58	60				
84	62	64	62	64	62	64	62	64	62	64	62	64	62	64		
88	66	68	66	68	66	68	66	68	66	68	66	68	66	68	66	68
92			70	72	70	72	70	72	70	72	70	72	70	72	70	72
96					74	76	74	76	74	76	74	76	74	76	74	76
100							78	80	78	80	78	80	78	80	78	80

表3-6 5·3Y号型系列表　　　　　　　　单位：cm

胸围＼身高比例	Y							
	145	150	155	160	165	170	175	180
72	51	51	51	51				
75	54	54	54	54	54			
78	57	57	57	57	57	57		
81	60	60	60	60	60	60		
84	63	63	63	63	63	63	63	
87		66	66	66	66	66	66	66
90		69	69	69	69	69	69	69
93			72	72	72	72	72	72
96				75	75	75	75	75
100					78	78	78	78

表3-7 5·4A、5·2A号型系列表　　　　　　　　　　　　单位：cm

胸围	A 145			150			155			160			165			170			175			180		
72				54	56	58	54	56	58	54	56	58												
76	58	60	62	58	60	62	58	60	62	58	60	62	58	60	62									
80	62	64	66	62	64	66	62	64	66	62	64	66	62	64	66	62	64	66						
84	66	68	70	66	68	70	66	68	70	66	68	70	66	68	70	66	68	70	66	68	70			
88	70	72	74	70	72	74	70	72	74	70	72	74	70	72	74	70	72	74	70	72	74	70	72	74
92				74	76	78	74	76	78	74	76	78	74	76	78	74	76	78	74	76	78	74	76	78
96							78	80	82	78	80	82	78	80	82	78	80	82	78	80	82	78	80	82
100										82	84	86	82	84	86	82	84	86	82	84	86	82	84	86

表3-8 5·3A号型系列表　　　　　　　　　　　　单位：cm

胸围	A 145	150	155	160	165	170	175	180
72	56	56	56	56				
75	59	59	59	59	59			
78	62	62	62	62	62			
81	65	65	65	65	65	65		
84	68	68	68	68	68	68	68	
87		71	71	71	71	71	71	71
90		74	74	74	74	74	74	74
93			77	77	77	77	77	77
96				80	80	80	80	80
100					83	83	83	83

适用于胸围86～89 cm及胸围与腰围之差数在16～12 cm之内的人。下装76A型，适用于腰围75～77 cm及胸围与腰围之差数在16～12 cm之内的人，依此类推，见表3-9～3-12。

表3-9　5·4Y、5·2Y号型系列表　　　　　　　　　单位：cm

比例 胸围　　　身高	Y														
	155		160		165		170		175		180		185		190
76			56	58	56	58	56	58								
80	60	62	60	62	60	62	60	62	60	62						
84	64	66	64	66	64	66	64	66	64	66	64	66				
88	68	70	68	70	68	70	68	70	68	70	68	70	68	70		
92			72	74	72	74	72	74	72	74	72	74	72	74	72	74
96					76	78	76	78	76	78	76	78	76	78	76	78
100							80	82	80	82	80	82	80	82	80	82
104									84	86	84	86	84	86	84	86

表3-10　5·3Y号型系列表　　　　　　　　　单位：cm

比例 胸围　　　身高	Y							
	155	160	165	170	175	180	185	190
75		56	56	56				
78	59	59	59	59	59			
81	62	62	62	62	62			
84	65	65	65	65	65	65		
87	68	68	68	68	68	68	68	
90		71	71	71	71	71	71	71
93		74	74	74	74	74	74	74
96			77	77	77	77	77	77
99				80	80	80	80	80
102					83	83	83	83

表 3-11　5·4A、5·2A 号型系列表　　　　　　　　　　　　　　　　单位：cm

身高 比例 胸围	155			160			165			170			175			180			185			190		
72				56	58	60	56	58	60															
76	60	62	64	60	62	64	60	62	64	60	62	64												
80	64	66	68	64	66	68	64	66	68	64	66	68	64	66	68									
84	68	70	72	68	70	72	68	70	72	68	70	72	68	70	72	68	70	72						
88	72	74	76	72	74	76	72	74	76	72	74	76	72	74	76	72	74	76						
92				76	78	80	76	78	80	76	78	80	76	78	80	76	78	80	76	78	80	76	78	80
96							80	82	84	80	82	84	80	82	84	80	82	84	80	82	84	80	82	84
100										84	86	88	84	86	88	84	86	88	84	86	88	84	86	88
104													88	90	92	88	90	92	88	90	92	88	90	92

表 3-12　5·3A 号型系列表　　　　　　　　　　　　　　　　单位：cm

身高 比例 胸围	155	160	165	170	175	180	185	190
72		58	58					
75	61	61	61	61				
78	64	64	64	64				
81	67	67	67	67	67			
84	70	70	70	70	70	70		
87	73	73	73	73	73	73	73	
90		76	76	76	76	76	76	76
93		79	79	79	79	79	79	79
96			82	82	82	82	82	82
99			85	85	85	85	85	85
102				88	88	88	88	88

　※　具体号型标准详细内容请参考国家技术监督局发布的"中华人民共和国国家标准"GB/T 1335.1 ～ 1335.3—2008《服装号型》。

3.4 服装规格系列的设计与配置

男式衬衫规格系列设置（表3-13、表3-14）

表3-13　男式衬衫规格系列参考表1(5·4A)　　　　　　　单位：cm

成品规格型 部位名称			72	76	80	84	88	92	96	100
胸　围			92	96	100	104	108	112	116	120
领　大			35	35	37	38	39	40	41	42
总肩宽			40.4	41.6	42.8	44	45.2	46.4	47.6	48.8
号	155	后衣长		65	65	65	65			
		长袖长		55	55	55	55			
		短袖长		21	21	21	21			
	160	后衣长	67	67	67	67	67	67		
		长袖长	56.5	56.5	56.5	56.5	56.5	56.5		
		短袖长	22	22	22	22	22	22		
	165	后衣长	69	69	69	69	69	69	69	
		长袖长	58	58	58	58	58	58	58	
		短袖长	23	23	23	23	23	23	23	
	170	后衣长	71	71	71	71	71	71	71	71
		长袖长	59.5	59.5	59.5	59.5	59.5	59.5	59.5	59.5
		短袖长	24	24	24	24	24	24	24	24
	175	后衣长		73	73	73	73	73	73	73
		长袖长		61	61	61	61	61	61	61
		短袖长		25	25	25	25	25	25	25

（续　表）

成品规格 部位名称		型	72	76	80	84	88	92	96	100
号	180	后衣长			75	75	75	75	75	75
		长袖长			62.5	62.5	62.5	62.5	62.5	62.5
		短袖长			26	26	26	26	26	26
	185	后衣长				77	77	77	77	77
		长袖长				64	64	64	64	64
		短袖长				27	27	27	27	27
	190	后衣长					79	79	79	79
		长袖长					65.5	65.5	65.5	65.5
		短袖长					28	28	28	28

表 3—14　男式衬衫规格系列参考表 2(5·4B)　　　　　单位：cm

成品规格 部位名称		型	72	76	80	84	88	92	96	100	104	108
胸　围			92	96	100	104	108	112				
领　大			35	36	37	38	39	40				
总肩宽			40	41.2	42.4	43.6	44.8	46				
号	150	后衣长	63	63	63	63						
		长袖长	53.5	53.5	53.5	53.5						
		短袖长	20	20	20	20						
	155	后衣长	65	65	65	65	65	65				
		长袖长	55	55	55	55	55	55				
		短袖长	21	21	21	21	21	21				
	160	后衣长	67	67	67	67	67	67	67			
		长袖长	56.5	56.5	56.5	56.5	56.5	56.5	56.5			
		短袖长	22	22	22	22	22	22	22			
	165	后衣长			69	69	69	69	69	69		
		长袖长			58	58	58	58	58	58		
		短袖长			23	23	23	23	23	23		
	170	后衣长			71	71	71	71	71	71	71	
		长袖长			59.5	59.5	59.5	59.5	59.5	59.5	59.5	
		短袖长			24	24	24	24	24	24	24	
	175	后衣长				73	73	73	73	73	73	73
		长袖长				61	61	61	61	61	61	61
		短袖长				25	25	25	25	25	25	25
	180	后衣长					75	75	75	75	75	75
		长袖长					62.5	62.5	62.5	62.5	62.5	62.5
		短袖长					26	26	26	26	26	26
	185	后衣长						77	77	77	77	77
		长袖长						64	64	64	64	64
		短袖长						27	27	27	27	27
	190	后衣长							79	79	79	79
		长袖长							65.5	65.5	65.5	65.5
		短袖长							28	28	28	28

女式衬衫规格系列设置（表3-15、表3-16）

表3-15　女式衬衫规格系列参考表1(5·4A)　　　　单位：cm

成品规格 型 部位名称		72	76	80	84	88	92	96
胸　围		88	90	94	98	102	106	110
总肩宽		37.6	38.6	39.6	40.6	41.6	42.6	43.6
145	后衣长		58	58	58	58		
	长袖长		49.5	49.5	49.5	49.5		
	短袖长		18	18	18	18		
150	后衣长	60	60	60	60	60	60	
	长袖长	51	51	51	51	51	51	
	短袖长	19	19	19	19	19	19	
155	后衣长	62	62	62	62	62	62	62
	长袖长	52.5	52.5	52.5	52.5	52.5	52.5	52.5
	短袖长	20	20	20	20	20	20	20
160	后衣长	64	64	64	64	64	64	64
	长袖长	54	54	54	54	54	54	54
	短袖长	21	21	21	21	21	21	21
165	后衣长		66	66	66	66	66	66
	长袖长		55.5	55.5	55.5	55.5	55.5	55.5
	短袖长		22	22	22	22	22	22
170	后衣长			68	68	68	68	68
	长袖长			57	57	57	57	57
	短袖长			23	23	23	23	23
175	后衣长				70	70	70	70
	长袖长				58.5	58.5	58.5	58.5
	短袖长				24	24	24	24

（号）

表 3－16　女式衬衫规格系列参考表 2(5·4B)　　　　单位：cm

成品规格型 部位名称			68	72	76	80	84	88	92	96	100	104	108
胸　围			82	86	90	94	98	102	106	110	114	118	122
总肩宽			35.4	36.4	37.4	38.4	39.4	40.4	41.4	42.4	43.4	44.4	45.4
号	145	后衣长	58	58	58	58	58	58	58				
		长袖长	49.5	49.5	49.5	49.5	49.5	49.5	49.5				
		短袖长	18	18	18	18	18	18	18				
	150	后衣长	60	60	60	60	60	60	60	60	60		
		长袖长	51	51	51	51	50	50	50	50	50		
		短袖长	19	19	19	19	19	19	19	19	19		
	155	后衣长	62	62	62	62	62	62	62	62	62	62	
		长袖长	52.5	52.5	52.5	52.5	52.5	52.5	52.5	52.5	52.5	52.5	
		短袖长	20	20	20	20	20	20	20	20	20	20	
	160	后衣长		64	64	64	64	64	64	64	64	64	64
		长袖长		54	54	54	54	54	54	54	54	54	54
		短袖长		21	21	21	21	21	21	21	21	21	21
	165	后衣长				66	66	66	66	66	66	66	66
		长袖长				55.5	55.5	55.5	55.5	55.5	55.5	55.5	55.5
		短袖长				22	22	22	22	22	22	22	22
	170	后衣长					68	68	68	68	68	68	68
		长袖长					57	57	57	57	57	57	57
		短袖长					23	23	23	23	23	23	23
	175	后衣长							70	70	70	70	70
		长袖长							58.5	58.5	58.5	58.5	58.5
		短袖长							24	24	24	24	24

男式茄克衫规格系列设置（表3-17、3-18）

表 3-17　男式茄克衫规格系列参考表 1(5·4A)　　　　单位：cm

成品规格型／部位名称			72	76	80	84	88	92	96	100
胸　围			98	102	106	110	114	118	122	126
领　大			40.6	41.6	42.6	43.6	44.6	45.6	46.6	47.6
总肩宽			42.6	43.8	45	46.2	47.4	48.6	49.8	51
号	155	后衣长			64	64	64	64		
		袖长		54.5	54.5	54.5	54.5			
	160	后衣长	66	66	66	66	66	66		
		袖长	56	56	56	56	56	56		
	165	后衣长	68	68	68	68	68	68		
		袖长	57.5	57.5	57.5	57.5	57.5	57.5		
	170	后衣长		70	70	70	70	70	70	70
		袖长		59	59	59	59	59	59	59
	175	后衣长			72	72	72	72	72	72
		袖长			60.5	60.5	60.5	60.5	60.5	60.5
	180	后衣长				74	74	74	74	74
		袖长				62	62	62	62	62
	185	后衣长					76	76	76	76
		袖长					63.5	63.5	63.5	63.5
	190	后衣长						78	78	78
		袖长						65	65	65

表 3-18 男式茄克衫规格系列参考表 2(5·4B) 　　　单位：cm

成品规格型部位名称			72	76	80	84	88	92	96	100	104	108
胸　围			98	102	106	110	114	118	122	126	130	134
领　大			41	42	43	44	45	46	47	48	49	50
总肩宽			42.2	43.4	44.6	45.8	47	48.2	49.4	50.6	51.8	53
号	150	后衣长	62	62	62	62						
		袖　长	53	53	53	53						
	155	后衣长	64	64	64	64	64	64				
		袖　长	54.5	54.5	54.5	54.5	54.5	54.5				
	160	后衣长	66	66	66	66	66	66	66			
		袖　长	56	56	56	56	56	56	56			
	165	后衣长		68	68	68	68	68	68	68		
		袖　长		57.5	57.5	57.5	57.5	57.5	57.5	57.5		
	170	后衣长			70	70	70	70	70	70	70	
		袖　长			59	59	59	59	59	59	59	
	175	后衣长				72	72	72	72	72	72	72
		袖　长				60.5	60.5	60.5	60.5	60.5	60.5	60.5
	180	后衣长					74	74	74	74	74	74
		袖　长					62	62	62	62	62	62
	185	后衣长						76	76	76	76	76
		袖　长						63.5	63.5	63.5	63.5	63.5
	190	后衣长							78	78	78	78
		袖　长							65	65	65	65

女式茄克衫规格系列设置（表3-19、表3-20）••••••••••••••••

表3-19　女式茄克衫规格系列参考表1(5·4A)　　　　　单位：cm

成品规格型部位名称			72	76	80	84	88	92	96
胸　围			94	98	102	106	110	114	118
领　大			39	39.8	40.6	41.4	42.2	43	43.8
总肩宽			40.4	41.4	42.4	43.4	44.4	45.4	46.4
号	145	后衣长		57	57	57	57		
		袖长		50	50	50	50		
	150	后衣长	59	59	59	59	59	59	
		袖长	51.5	51.5	51.5	51.5	51.5	51.5	
	155	后衣长	61	61	61	61	61	61	61
		袖　长	53	53	53	53	53	53	53
	160	后衣长	63	63	63	63	63	63	63
		袖　长	54.5	54.5	54.5	54.5	54.5	54.5	54.5
	165	后衣长		65	65	65	65	65	65
		袖　长		56	56	56	56	56	56
	170	后衣长			67	67	67	67	67
		袖　长			57.5	57.5	57.5	57.5	57.5
	175	后衣长				69	69	69	69
		袖　长				59	59	59	59

表 3-20　女式茄克衫规格系列参考表 2(5・4B)　　　　单位：cm

成品规格型 部位名称			68	72	76	80	84	88	92	96	100	104
胸　围			90	94	98	102	106	110	114	118	122	126
领　大			38.4	39.2	40	40.8	41.6	42.4	43.2	44	44.8	45.6
总肩宽			38.8	39.8	40.8	41.8	42.8	43.8	44.8	45.8	46.8	47.8
号	145	后衣长		57	57	57	57	57	57			
		袖长		50	50	50	50	50	50			
	150	后衣长	59	59	59	59	59	59	59	59		
		袖长	51.5	51.5	51.5	51.5	51.5	51.5	51.5	51.5		
	155	后衣长	61	61	61	61	61	61	61	61	61	
		袖长	53	53	53	53	53	53	53	53	53	
	160	后衣长	63	63	63	63	63	63	63	63	63	63
		袖长	54.5	54.5	54.5	54.5	54.5	54.5	54.5	54.5	54.5	54.5
	165	后衣长		65	65	65	65	65	65	65	65	65
		袖长		56	56	56	56	56	56	56	56	56
	170	后衣长				67	67	67	67	67	67	67
		袖长				57.5	57.5	57.5	57.5	57.5	57.5	57.5
	175	后衣长					69	69	69	69	69	69
		袖长					59	59	59	59	59	59

男式西服规格系列设置（表3-21、表3-22）••••••••••••••••••••••••••

表3-21　男式西服规格系列参考表1(5·4A)　　　　　　　　单位：cm

成品规格型 / 部位名称		72	76	80	84	88	92	96	100
胸　围		90	94	98	102	106	110	114	118
总肩宽		39.8	41	42.2	43.4	44.6	45.8	47	48.2
号	155 后衣长		66	66	66	66			
	155 袖长		54.5	54.5	54.5	54.5			
	160 后衣长	68	68	68	68	68	68		
	160 袖长	56	56	56	56	56	56		
	165 后衣长	70	70	70	70	70	70	70	
	165 袖长	57.5	57.5	57.5	57.5	57.5	57.5	57.5	
	170 后衣长		72	72	72	72	72	72	72
	170 袖长		59	59	59	59	59	59	59
	175 后衣长			74	74	74	74	74	74
	175 袖长			60.5	60.5	60.5	60.5	60.5	60.5
	180 后衣长				76	76	76	76	76
	180 袖长				62	62	62	62	62
	185 后衣长					78	78	78	78
	185 袖长					63.5	63.5	63.5	63.5
	190 后衣长						80	80	80
	190 袖长						65	65	65

表 3－22　男式西服规格系列参考表 2(5・4B)　　　　　　单位：cm

成品规格型部位名称			72	76	80	84	88	92	96	100	104	108
胸　围			90	94	98	102	106	110	114	118	122	126
总肩宽			39.4	40.6	41.8	43	44.2	45.4	46.6	47.8	49	50.2
号	150	后衣长	64	64	64	64						
		袖　长	53	53	53	53						
	155	后衣长	66	66	66	66	66	66				
		袖　长	54.5	54.5	54.5	54.5	54.5	54.5				
	160	后衣长	68	68	68	68	68	68	68			
		袖　长	56	56	56	56	56	56	56			
	165	后衣长		70	70	70	70	70	70	70		
		袖　长		57.5	57.5	57.5	57.5	57.5	57.5	57.5		
	170	后衣长			72	72	72	72	72	72	72	
		袖　长			59	59	59	59	59	59	59	
	175	后衣长				74	74	74	74	74	74	74
		袖　长				60.5	60.5	60.5	60.5	60.5	60.5	60.5
	180	后衣长					76	76	76	76	76	76
		袖　长					62	62	62	62	62	62
	185	后衣长						78	78	78	78	78
		袖　长						63.5	63.5	63.5	63.5	63.5
	190	后衣长							80	80	80	80
		袖　长							65	65	65	65

女式西服规格系列设置（表3–23、表3–24）

表3-23　女式西服规格系列参考表1(5·4A)　　　　　单位：cm

成品规格型 部位名称			72	76	80	84	88	92	96
胸围			88	92	96	100	104	108	112
总肩宽			37.4	38.4	39.4	40.4	41.4	42.4	43.4
号	145	后衣长		57	57	57	57		
		袖长		49.5	49.5	49.5	49.5		
	150	后衣长	59	59	59	59	59	59	
		袖长	51	51	51	51	51	51	
	155	后衣长	61	61	61	61	61	61	61
		袖长	52.5	52.5	52.5	52.5	52.5	52.5	52.5
	160	后衣长	63	63	63	63	63	63	63
		袖长	54	54	54	54	54	54	54
	165	后衣长		65	65	65	65	65	65
		袖长		55.5	55.5	55.5	55.5	55.5	55.5
	170	后衣长			67	67	67	67	67
		袖长			57	57	57	57	57
	175	后衣长				69	69	69	69
		袖长				58.5	58.5	58.5	58.5

表 3-24 女式西服规格系列参考表 2(5·4B)　　　　　　单位：cm

成品规格型 部位名称			68	72	76	80	84	88	92	96	100	104
胸　围			84	88	92	96	100	104	108	112	116	120
总肩宽			35.8	36.8	37.8	38.8	39.8	40.8	41.8	42.8	43.8	44.8
号	145	后衣长		57	57	57	57	57	57			
		袖长		49.5	49.5	49.5	49.5	49.5	49.5			
	150	后衣长	59	59	59	59	59	59	59	59		
		袖长	51	51	51	51	51	51	51	51		
	155	后衣长	61	61	61	61	61	61	61	61	61	
		袖长	52.5	52.5	52.5	52.5	52.5	52.5	52.5	52.5	52.5	
	160	后衣长	63	63	63	63	63	63	63	63	63	63
		袖长	54	54	54	54	54	54	54	54	54	54
	165	后衣长		65	65	65	65	65	65	65	65	65
		袖长		55.5	55.5	55.5	55.5	55.5	55.5	55.5	55.5	55.5
	170	后衣长			67	67	67	67	67	67	67	67
		袖长			57	57	57	57	57	57	57	57
	175	后衣长				69	69	69	69	69	69	
		袖长				58.5	58.5	58.5	58.5	58.5	58.5	

男式西裤规格系列设置（表3-25、表3-26）

表3-25　男西裤规格系列表1（5·2A）

单位：cm

号／部位名称	腰围																
腰围	56	58	60	62	64	66	68	70	72	74	76	78	80	82	84	86	88
臀围	58	60	62	64	66	68	70	72	74	76	78	80	82	84	86	88	90
臀围	85.6	87.2	88.8	90.4	92	93.6	95.2	96.8	98.4	100	101.6	103.2	104.8	106.4	108	109.6	111.2
155　裤长		93.5	93.5	93.5	93.5	93.5	93.5	93.5	93.5	93.5							
160　裤长		96.5	96.5	96.5	96.5	96.5	96.5	96.5	96.5	96.5	96.5	96.5					
165　裤长		99.5	99.5	99.5	99.5	99.5	99.5	99.5	99.5	99.5	99.5	99.5	99.5	99.5			
170　裤长				102.5	102.5	102.5	102.5	102.5	102.5	102.5	102.5	102.5	102.5	102.5	102.5		
175　裤长						105.5	105.5	105.5	105.5	105.5	105.5	105.5	105.5	105.5	105.5	105.5	105.5
180　裤长							108.5	108.5	108.5	108.5	108.5	108.5	108.5	108.5	108.5	108.5	108.5
185　裤长										111.5	111.5	111.5	111.5	111.5	111.5	111.5	111.5
190　裤长												114.5	114.5	114.5	114.5	114.5	114.5

注：腰围和臀围的分档均按5·4系列分档数的 $\frac{1}{2}$ 分档（腰围分档2，臀围分档1.6）。

表 3 − 26 男西裤规格系列表 2(5·2B)

单位：cm

部位名称 \ 型																				
腰围	62	64	66	68	70	72	74	76	78	80	82	84	86	88	90	92	94	96	98	100
臀围	64	66	68	70	72	74	76	78	80	82	84	86	88	90	92	94	96	98	100	102
臀围	89.6	91	92.4	93.8	95.2	96.6	98	99.4	100.8	102.2	103.6	105	106.4	107.8	109.2	110.6	112	113.4	114.8	116.2
号 150 裤长	90	90	90	90	90	90	90	90												
号 155 裤长	93	93	93	93	93	93	93	93	93	93	93	93								
号 160 裤长	96	96	96	96	96	96	96	96	96	96	96	96	96	96						
号 165 裤长			99	99	99	99	99	99	99	99	99	99	99	99	99	99				
号 170 裤长					102	102	102	102	102	102	102	102	102	102	102	102	102	102		
号 175 裤长							105	105	105	105	105	105	105	105	105	105	105	105	105	105
号 180 裤长									108	108	108	108	108	108	108	108	108	108	108	108
号 185 裤长											111	111	111	111	111	111	111	111	111	111
号 190 裤长													114	114	114	114	114	114	114	114

注：腰围和臀围的分档均按 5·4 系列分档数的 $\frac{1}{2}$ 分档（腰围分档 2，臀围分档 1.4）。

女式西裤规格系列设置（表3-27、表3-28）

表3-27　女西裤规格系列表1(5·2A)

单位：cm

型（成品规格）	54	56	58	58	60	62	62	64	66	66	68	70	70	72	74	74	76	78	78	80	82
腰围	56	58	60	60	62	64	64	66	68	68	70	72	72	74	76	76	78	80	80	82	84
臀围	87.4	89.2	91	91	92.8	94.6	94.6	96.4	98.2	98.2	100	101.8	101.8	103.6	105.4	105.4	107.2	109	109	110.8	112.6
145 裤长					90	90	90	90	90	90	90	90	90	90							
150 裤长			93	93	93	93	93	93	93	93	93	93	93	93	93	93	93				
155 裤长		96	96	96	96	96	96	96	96	96	96	96	96	96	96	96	96	96	96	96	
160 裤长		99	99	99	99	99	99	99	99	99	99	99	99	99	99	99	99	99	99	99	
165 裤长					102	102	102	102	102	102	102	102	102	102	102	102	102	102	102	102	102
170 裤长						105	105	105	105	105	105	105	105	105	105	105	105	105	105	105	105
175 裤长										108	108	108	108	108	108	108	108	108	108	108	108

注：腰围和臀围的分档均按5·4系列分档数的 $\frac{1}{2}$ 分档（腰围分档2，臀围分档1.8）。

单位：cm

表 3-28　女西裤规格系列表 2(5·2B)

成品规格 部位名称 \ 型	56	58	60	62	64	66	68	70	72	74	76	78	80	82	84	86	88	90	92	94
腰围	56	58	60	62	64	66	68	70	72	74	76	78	80	82	84	86	88	90	92	94
臀围	58	60	62	64	66	68	70	72	74	76	78	80	82	84	86	88	90	92	94	96
臀围	88.4	90	91.6	93.2	94.8	96.4	98	99.6	101.2	102.8	104.4	106	107.6	109.2	110.8	112.4	114	115.6	117.2	118.8
号 145　裤长			90	90	90	90	90	90	90	90	90	90	90	90						
号 150　裤长	93	93	93	93	93	93	93	93	93	93	93	93	93	93	93	93				
号 155　裤长	96	96	96	96	96	96	96	96	96	96	96	96	96	96	96	96	96	96		
号 160　裤长	99	99	99	99	99	99	99	99	99	99	99	99	99	99	99	99	99	99	99	99
号 165　裤长				102	102	102	102	102	102	102	102	102	102	102	102	102	102	102	102	102
号 170　裤长							105	105	105	105	105	105	105	105	105	105	105	105	105	105
号 175　裤长									108	108	108	108	108	108	108	108	108	108	108	108

注：腰围和臀围的分档均按 5·4 系列分档数的 $\frac{1}{2}$ 分档（腰围分档 2，臀围分档 1.6）。

4

服装推板（放码）

　　服装推板又称服装放码、服装推档、服装纸样放缩等。正确制定服装工业样板，即标准工业样板、母板和以母板为基准放码的各个不同型号的系列板型，它是服装生产企业基本的技术要求，是整个生产工序过程中最重要的技术环节之一。

4.1 服装推板基本原理

服装整体推板与局部推板的概念

服装推板又称服装放码、服装纸样放缩。服装企业根据实际需要一般将推板分为整体推板与局部推板两种。服装推板的方法很多，有经验推板法、等分推板法、大小两边推板法、一边推板法、赋值推板法等，这些推板法一般都可以进行整体推板与局部推板。我们所说的样板的放缩多指样板的整体推板，即服装纸样规则放缩。但是样板的局部推板，即不规则推板，在企业成衣生产时也同样需要。例如服装消费群体中身高相同而三围却不相同的人很多，那么为了适应销售，牛仔裤型的样板在放缩板（即推板）时就特别需要不规则放缩板型，具体来说：假设推5个样板时，5个板型裤长相同为102 cm即板长不放缩，但是腰围和臀围却要放缩，这时就需要局部推板，即纸样不规则放缩。

1.服装整体推板（规则放码）

它是指将结构内容全部进行缩放，理论上也就是样板的每个部位都要随着号型的变化而缩放。例如，一条裤子整体推板时，所有围度、长度以及口袋、省道等都要进行相应的缩放。

2.服装局部推板（不规则放码）

它是相对于整体推板而言的，是指某一款式在推板时只推某个或几个部位，而不进行全方位缩放的一种方法。例如，女式牛仔裤推板时，同一款式的腰围、臀围、腿围相同而只有长度不同，那么该款式的板型就是进行了局部推板。

服装推板的要求及注意事项 ··

  在样板放缩前要把各部位的档差数值合理地进行分配，严格按照标准数据进行放缩，要使推出的板型与母板板型的特征相同。当制作客户订单时，一定要严格按客户订单上的数据认真地进行制板和推板，切不可随意改动客户订单上的有关数据。关于推板方法则可以灵活掌握，如果有的地方确实需要修正时，一定要事先征得客户方的同意，否则属于严重违约行为，会给企业带来不必要的麻烦。

服装推板基本原理在原型上的运用 ······························

  1. 原型推板

  1）规格系列设置（表4-1）

表4-1 规格系列设置表   单位：cm

成品规格号型部位	155/76A	160/80A	165/84A	170/88A	175/92A	档差值
腰节长	38	40	42	44	46	2
胸　围	88	92	96	100	104	4
肩　宽	36.6	37.8	39	40.2	41.4	1.2
袖　长	54.5	56	57.5	59	60.5	1.5
袖口大	12.4	13.2	14	14.8	15.6	0.8

  2）推板说明

  前片（图4-1）：（1）肩颈点A点垂直向上0.7 cm再平行向门襟方向移0.4 cm定一点，然后以此点为基点画肩斜线的平行线，以此类推画其他板型，如图4-1中的部位注解A。由于前中线外推了0.6 cm，而各板的肩端点又在同一垂直线上，如部位注解C，所以肩颈点外推0.4 cm才能使得推出板的领口宽大出0.2 cm，即前片领口宽的档差为0.2 cm。（2）推衣长时袖窿深线不变，肩颈点垂直上推0.7 cm，下边线下推1.3 cm，参阅部位注解F和部位注解G。

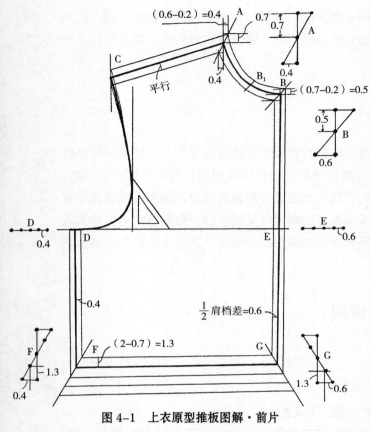

（0.6-0.2）=0.4

0.7

0.7

A

A

C

平行

0.4

B₁

B

0.4

（0.7-0.2）=0.5

0.5

B

0.6

D

C

0.4

D

E

E

0.6

0.4

½肩档差=0.6

F

F

（2-0.7）=1.3

G

G

1.3

1.3

0.6

0.4

图4-1　上衣原型推板图解·前片

0.7 cm+1.3 cm=衣长档差2 cm。这种以袖窿深线不动，如此上下推板的数据分配比例是一般款式所采用的，但是根据款式的具体要求比例是可以调整的，例如，肩颈点上推1.2 cm时，下边线就要平行下推0.8 cm，保证衣长档差不变。（3）前中线顶点垂直向上0.5 cm再平行外移0.6 cm确定一点，该点即是推出板的领窝点，如部位注解B，然后推领口弧线和前中线，如部位注解E。领口深的档差实际成为了0.2 cm，0.7 cm-0.5 cm=0.2 cm。（4）侧缝线外推0.4 cm（1 cm-0.6 cm=0.4 cm）画平行线即可，如部位注解D。（5）下边线下推1.3 cm画平行线即可。（6）特别注意的是要画顺领口和袖窿弧线，推画弧线的基本原则是：每组弧线的关系不是平行关系，而是造型关系，即各个板同一部位的弧线造型要最大程度地保持一致。

后片（图4-2）：（1）后片在推板时要在前片已分配数值的基础上进行对应推板。例如，前片肩颈点上推了0.7 cm和下边线下推了1.3 cm，那么后片上下推板的比例也要按前片的比例来进行同等的比例数值分配。（2）肩颈点垂直向上推0.7 cm，再平行侧移0.2 cm确定一点，然后以此点为基本点推画肩斜线（平行）。（3）领口深保持为领宽的1/3即可推板。（4）侧缝线外推1 cm即可（与前片推出的量相加等于1/2胸围档差），参阅部位图解D。（5）下边线下推1.3 cm即可（与前片一致）。（6）领口、袖窿弧线的推板原则与前片一样。

袖片（图4-3）：（1）袖山高上推0.5 cm（如部位注解A），袖口线下推1 cm即推出袖长，如部位注解F。袖长档差的上下分配比例要大致与衣身的分配比例相同，即上推档差的1/3，下推档差的2/3。（2）首先计算出袖窿弧线长度的档差数，然后推出袖肥ab，即自袖山底线侧端a点外推1/2袖窿弧线档差减去约0.3 cm定b点，然后b点连接d点即袖缝线。（3）袖口线端点平行侧移0.8 cm（袖口档差值），然后垂直下落1 cm确定d点，d点即是推出板的袖口线端点。（4）推画袖山弧线完成整片推板，如图4-3。

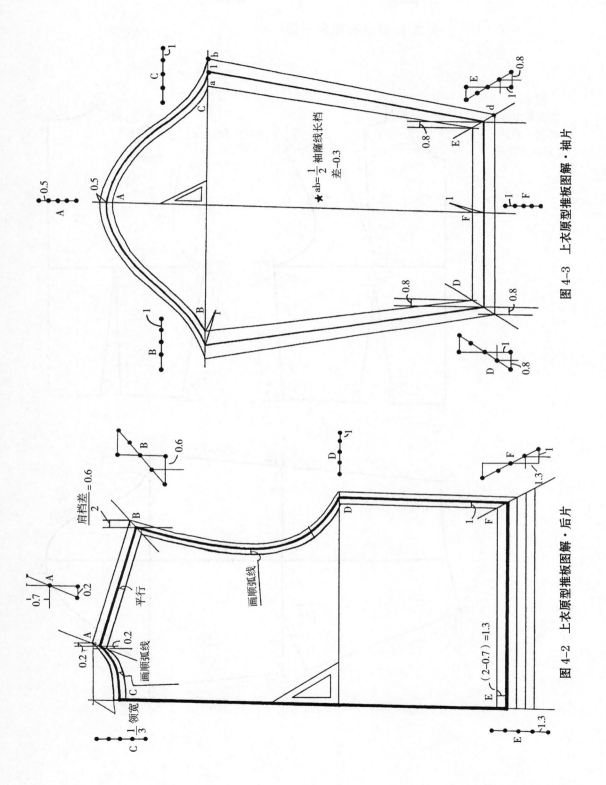

图 4-3 上衣原型推板图解·袖片

图 4-2 上衣原型推板图解·后片

2.美国原型推板图解（图4-4）

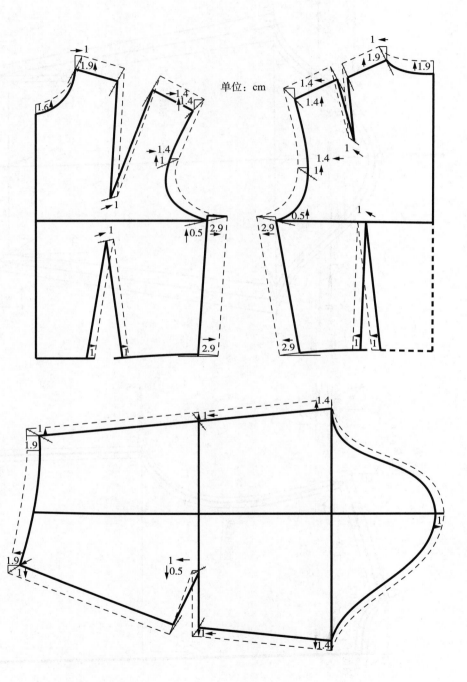

图 4-4
美国原型推板
图解·前片·
后片·袖片

单位：cm

4.2 服装推板实例

男式衬衫推板

1.规格系列设置（表4-2）

表4-2 男式衬衫规格系列设置表　　　　　　　　　　单位：cm

成品规格号型部位	160/82	165/86	170/90	175/94	180/98	档差值
衣　长	68	71	74	77	80	3
胸　围	102	106	110	114	118	4
肩　宽	43.5	44.7	45.9	47.1	48.3	1.2
袖　长	58	59.5	61	62.5	64	1.5
袖　口	10.9	11.7	12.5	13.3	14.1	0.8
领　围	37.6	38.8	40	41.2	42.4	1.2

2.推板说明

前片（图4-5）：（1）母板A点垂直向上1cm再平行向门襟方向移0.4cm定一点，然后以此点为基点推画肩斜线（平行线），以此类推，推画其他板型，如图4-5中的部位注解A。由于前中线外推了0.6 cm，而各板的肩端点又在同一垂直线上，如部位注解C，所以A部位点外推0.4 cm才能使得推出板的领口宽大出0.2 cm，即前片领口宽的档差成为了0.2 cm。（2）推衣长时袖窿深线不变，A点垂直上推1 cm，下边线下推2 cm，1 cm+2 cm=衣长档差3 cm。（3）止口线顶点垂直向上0.7 cm再平行外移0.6 cm确定一点，如部位注解B_2，然后推画领口弧线和止口线。领口深的档差即成为了0.3 cm，1 cm-0.7 cm=0.3 cm。（4）侧缝线外推0.4 cm（1 cm-0.6 cm=0.4 cm）推画（平行线）即可，如部位注解D_1。（5）下边线下推2 cm即可。（6）特别注意的是要画顺领口和袖窿弧线，每组弧线的关系不是平行关系，而是造型关系，即各个板同一部位的弧线造型要最大程度地保持一致。

后片（图4-6）：（1）后片在推板时要在前片已分配数值比例的基础上进行对应推板。例如，以袖窿深线为不变线前片上推1/3衣长档差，下推2/3衣长档差，那么后片上下推板的比例也要按前片的比例来进行同等的数值比例分配，只不过是，我们仍然将过肩与后片视为一个整体来进行比例分配而已。（2）上推0.5 cm，如部位注解D3；下推2 cm如部位注解H1。（3）侧缝线外推1 cm即可（与前片推出的量相加等于1/2胸围档差），如部位图解G。

过肩：（1）A点垂直向上推1 cm，再平行侧移0.2 cm确定一点，然后以此点为基本点推画肩斜线（平行）。（2）领口深保持为领宽的1/3即可推板。（3）下线上推移0.5 cm，如部位注解D1。（4）肩端点水平外移0.6 cm画垂直线，然后找交点，如部位注解C。

袖片（图4-7）：（1）袖山高上推0.5 cm，如部位注解A，袖口线下推1 cm即推出袖长，如部位注解F。袖长档差的上下分配比例要大致与衣身的分配比例相同。（2）首先计算出袖窿弧线长度的档差值，然后推出袖肥，即自袖山底线侧端点外推1/2袖窿弧线档差减去约0.3 cm定袖宽点，如部位注解B，然后B点连接C点即袖缝线。（3）袖口线端点平行侧移0.8 cm（袖口档差值），然后下落1 cm确定C点，C点和C1点即是推出板的袖口线端点。（4）袖衩档差0.25 cm（袖衩线下推1 cm的1/4），侧移0.2 cm（袖口档差的1/4）。（5）推画袖山弧线完成整片推板，如图4-6。翻领、领座、克夫的推板参阅图4-7。

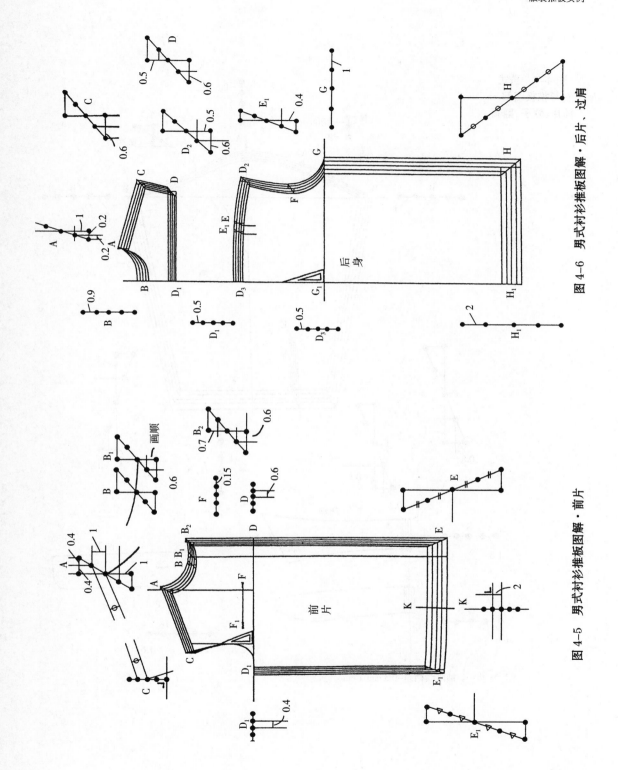

图 4-6 男式衬衫推板图解·后片、过肩

图 4-5 男式衬衫推板图解·前片

图 4-7 男式
衬衫推板图解·
袖片、领子、翻领

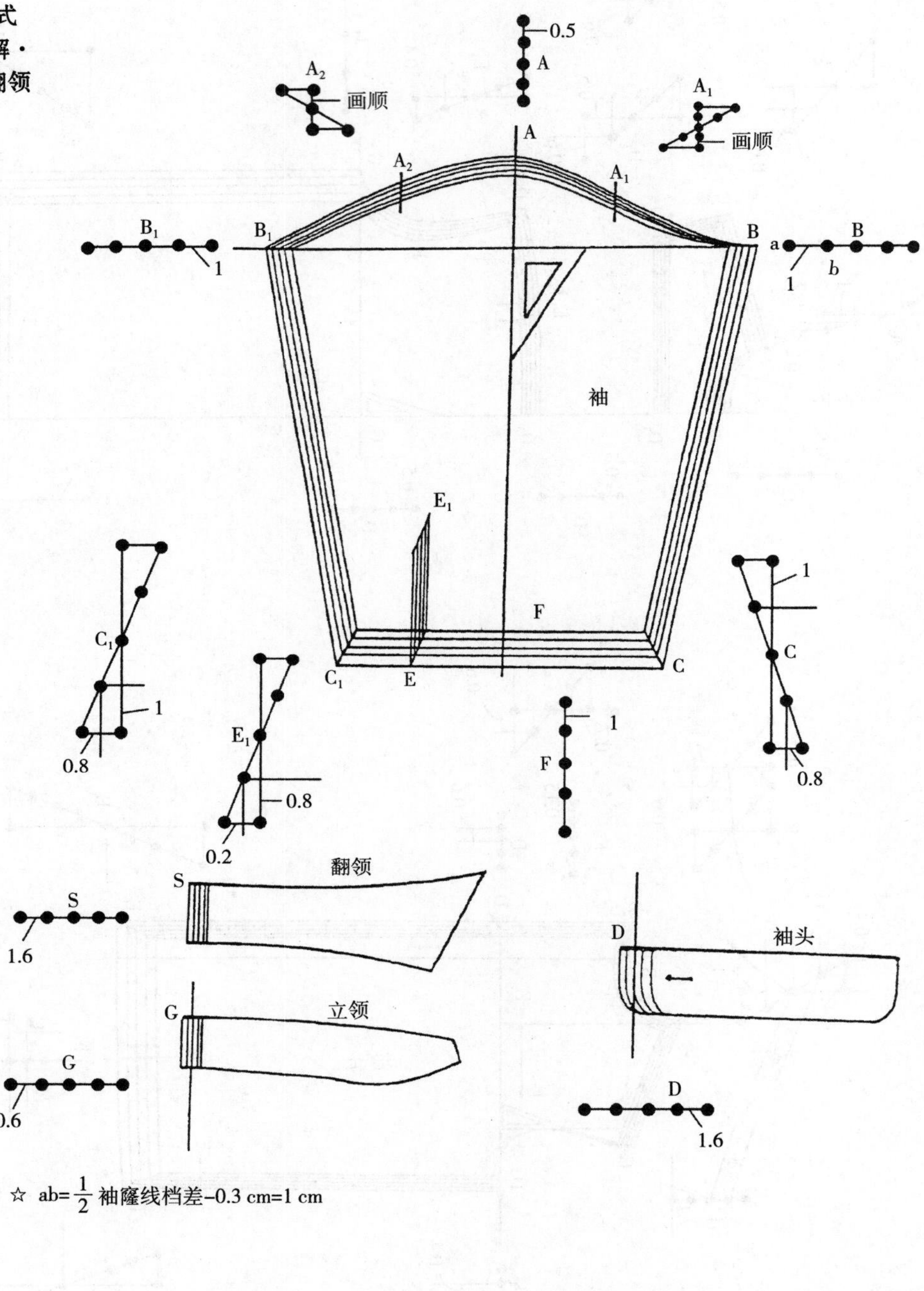

0.5
A
A₂ 画顺
A₁ 画顺
A
A₂
A₁
B₁
B₁
1
B₁
B
a
B
1
b
袖
E₁
C₁
F
E
C
E₁
C₁
1
0.8
C
1
0.8
E₁
0.8
0.2
F
1
F
翻领
S
S
1.6
立领
G
G
0.6
袖头
D
D
1.6

☆ ab=½袖窿线档差-0.3 cm=1 cm

女式喇叭裙推板 ••

1.规格系列设置（表4-3）

表4-3　喇叭裙规格系列设置表　　　　　　　　　单位：cm

成品规格部位 \ 号型	155/58	160/62	165/66	175/70	175/74	档差值
裙　长	50	53	56	59	62	3
腰　围	60	64	68	72	76	4
臀　围	92	96	100	104	108	4

2.喇叭裙推板图解（图4-8）

男式西裤推板 ••

1.规格系列设置（表4-4）

表4-4　男式西裤规格系列设置表　　　　　　　　单位：cm

成品规格部位 \ 号型	160/70	165/74	170/78	175/82	180/86	档差值
裤　长	97	99.5	102	104.5	107	2.5
腰　围	72	76	80	84	88	4
臀　围	101	105	109	113	117	4
立　档	28.4	29.2	30	30.8	31.6	0.8
脚　口	22.4	23.2	24	24.8	25.6	0.8

2.推板图解（图4-9、图4-10）

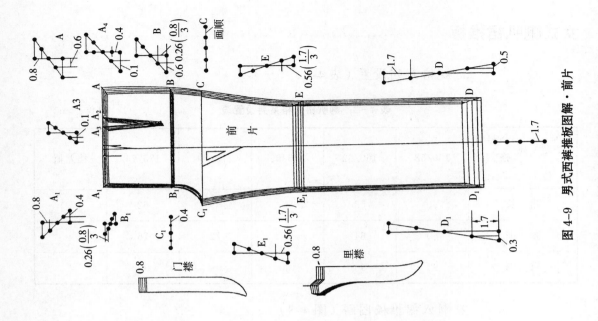

图 4-9 男式西裤推板图解·前片

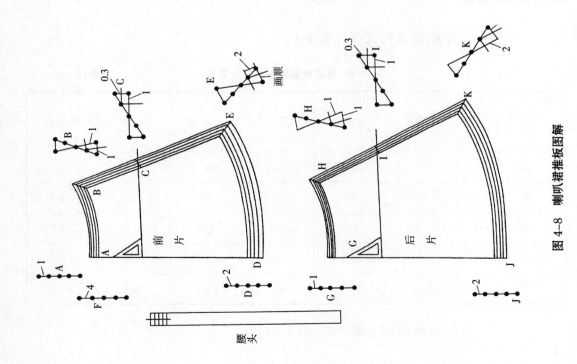

图 4-8 喇叭裙推板图解

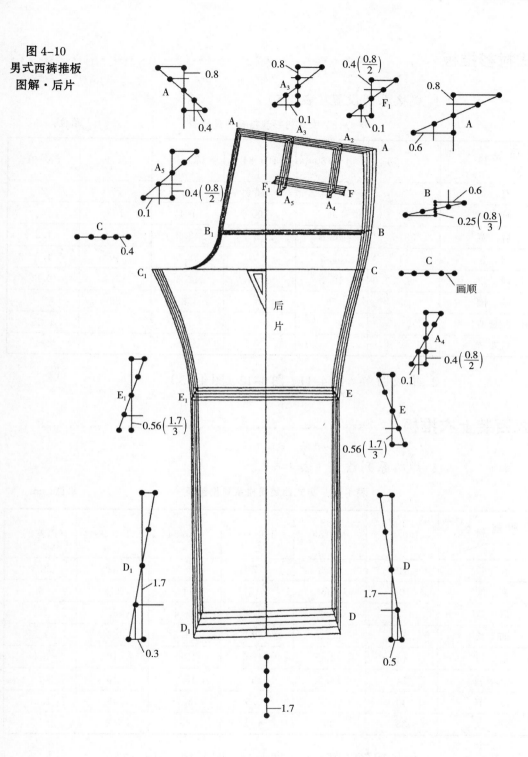

图 4–10
男式西裤推板
图解·后片

后片

女式衬衫推板 ••

1.规格系列设置（表4-5）

表4-5　女式衬衫规格系列设置表　　　　　　单位：cm

成品规格 部 位	155/76	160/80	165/84	170/88	175/92	档差值
衣 长	69	71	73	75	77	2
胸 围	92	96	100	104	108	4
肩 宽	39.6	40.8	42	43.2	44.4	1.2
袖 长	54	55.5	57	58.5	60	1.5
袖 口	9.9	10.7	11.5	12.3	13.1	0.8
领 围	35	36	37	38	39	1
前腰节						1.25
后腰节						1.1

2.推板图解（图4-11、图4-12、图4-13）

男式西装上衣推板 ••

1.规格系列设置（表4-6）

表4-6　男式西装规格系列设置表　　　　　　单位：cm

成品规格 部 位	160/82	165/86	170/90	175/94	180/98	档差值
衣 长	72	74.5	77	79.5	82	2.5
胸 围	102	106	110	114	118	4
肩 宽	43.5	44.7	45.9	47.1	48.3	1.2
袖 长	59	60.5	62	63.5	66	1.5
袖 口	14	14.5	15	15.5	16	0.5
下 袋	14	14.5	15	15.5	16	0.5
腰 节	40	41.25	42.5	43.75	45	1.25
领 大	38	39	40	41	42	1

2.推板图解（图4-14、图4-15、图4-16、图4-17）

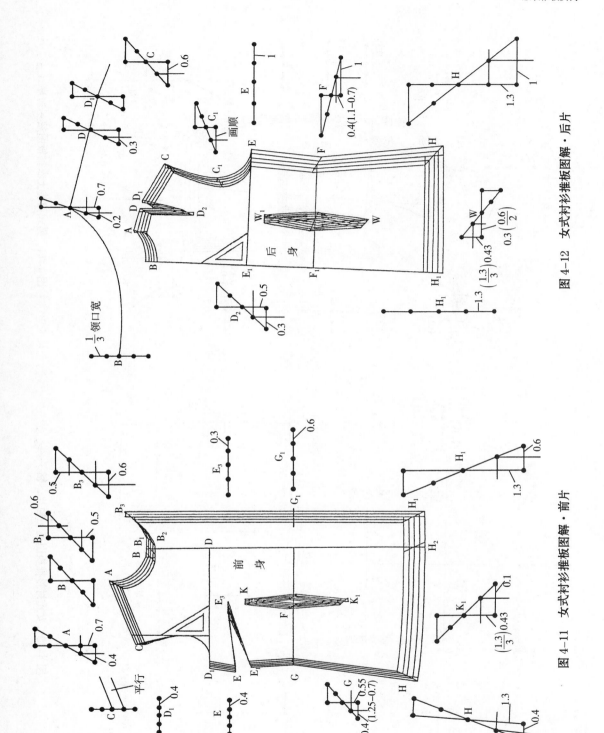

图 4-12　女式衬衫推板图解·后片

图 4-11　女式衬衫推板图解·前片

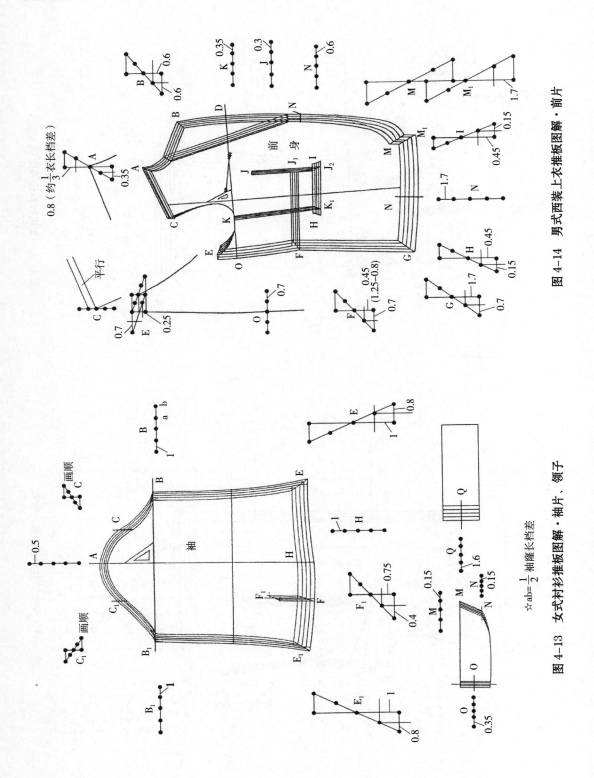

图 4-14　男式西装上衣推板图解·前片

图 4-13　女式衬衫推板图解·袖片、领子

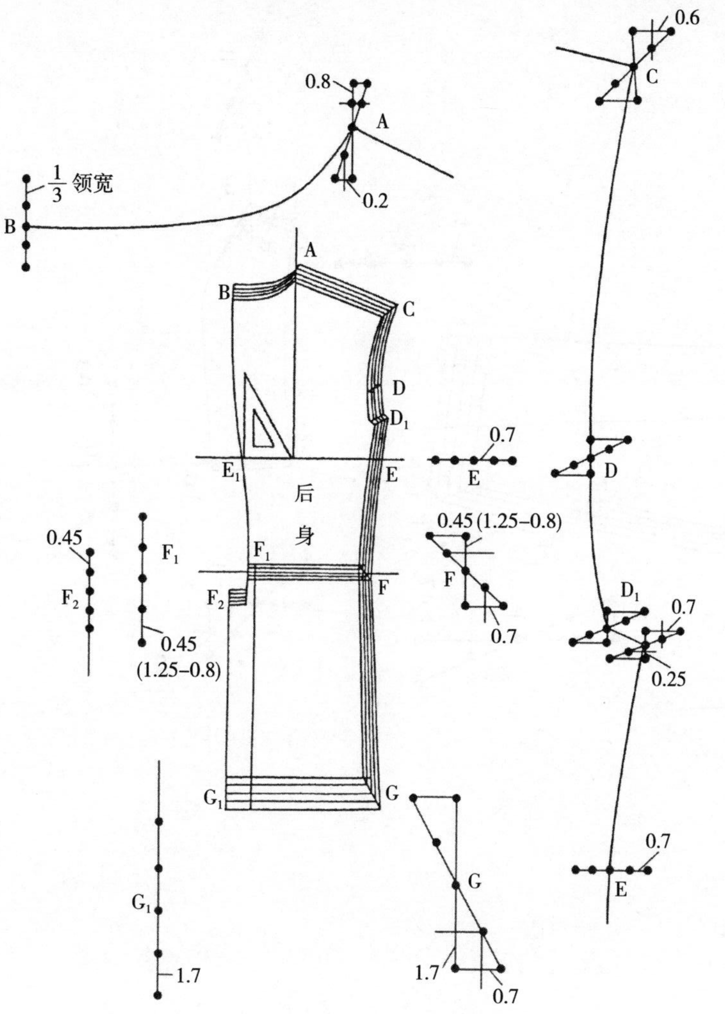

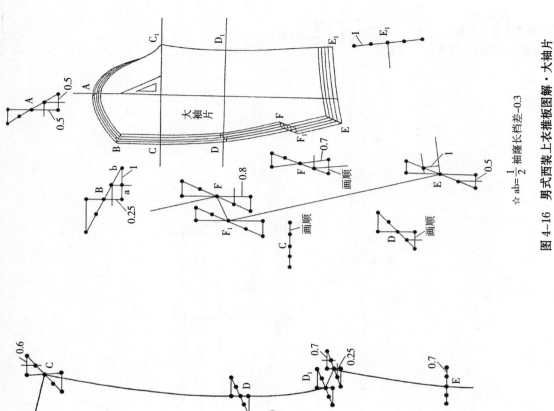

☆ ab=$\frac{1}{2}$ 袖窿长档差-0.3

图 4-16　男式西装上衣推板图解·大袖片

图 4-15　男式西装上衣推板图解·后片

图 4-17
男式西装上衣推板
图解·小袖片、领子

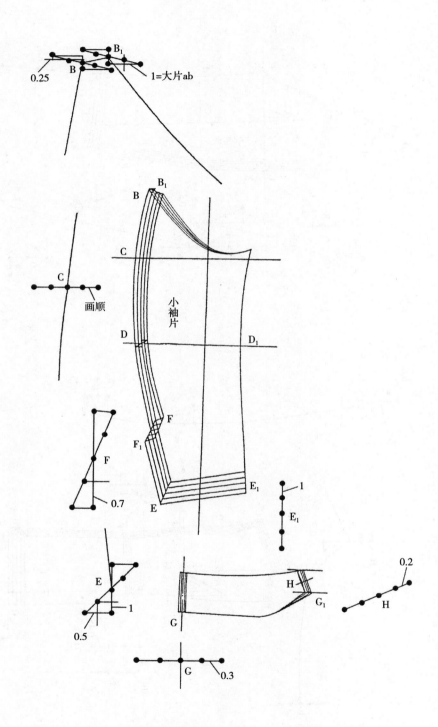

女式西装上衣推板 ••

1.规格系列设置（表4-7）

表4-7　女式西装规格系列设置表　　　　　　单位：cm

成品规格 号型 部 位	155/76	160/80	165/84	170/88	175/92	档差值
衣　长	69	71.5	74	76.5	79	2.5
胸　围	96	100	104	108	112	4
肩　宽	41.6	42.8	44	45.2	46.4	1.2
袖　长	57	58.5	60	61.5	63	1.5
袖　口	13	13.5	14	14.5	15	0.5
下袋口	13	13.5	14	14.5	15	0.5
领　大	36	37	38	39	40	1
前腰节						1.25
后腰节						1.1

2.推板图解（图4-18、图4-19、图4-20）

插肩袖款式推板 ••

1.规格系列设置（表4-8）

表4-8　插肩袖规格系列设置表　　　　　　单位：cm

成品规格 号型 部 位	160/82	165/86	170/90	175/94	180/98	档差值
衣　长	72	74.5	77	79.5	82	2.5
胸　围	102	106	110	114	118	4
肩　宽	43.5	44.7	45.9	47.1	48.3	1.2
袖　长	59	60.5	62	63.5	66	1.5
袖　口	15.4	16.2	17	17.8	18.6	0.8
领　围	42	43	44	45	46	1

2.推板图解（图4-21、图4-22）

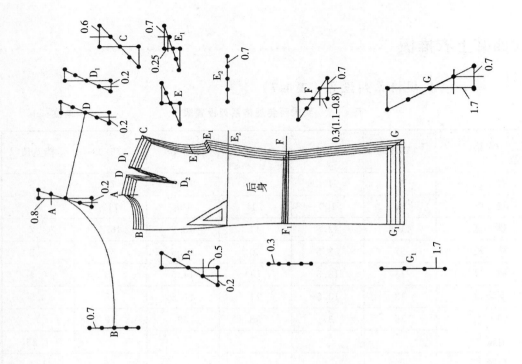

图 4-19　女式西装上衣推板图解·后片

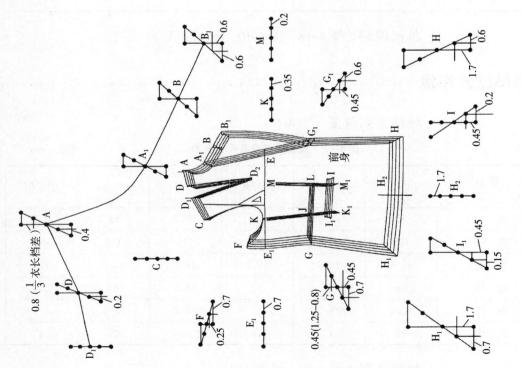

图 4-18　女式西装上衣推板图解·前片

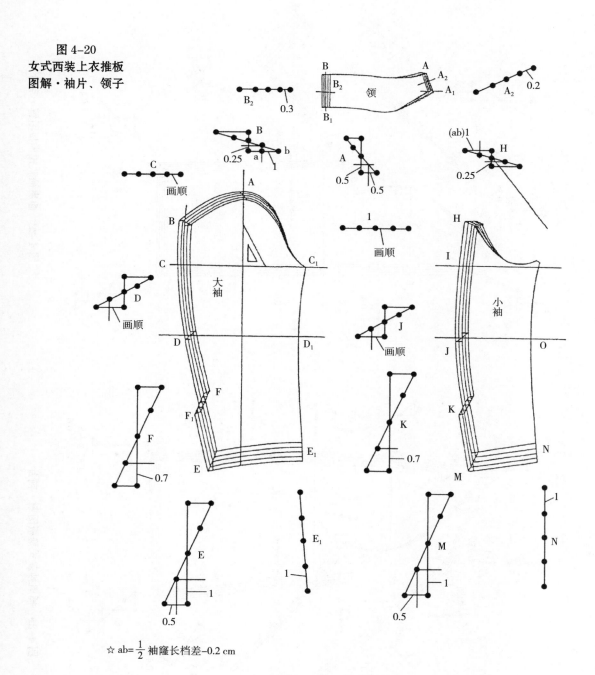

图 4-20
女式西装上衣推板
图解·袖片、领子

领

大袖

画顺

画顺

小袖

画顺

画顺

$\text{☆ ab} = \frac{1}{2}$ 袖窿长档差-0.2 cm

图 4-21　插肩袖款式推板图解·前片

图 4-22　插肩袖款式推板图解·后片

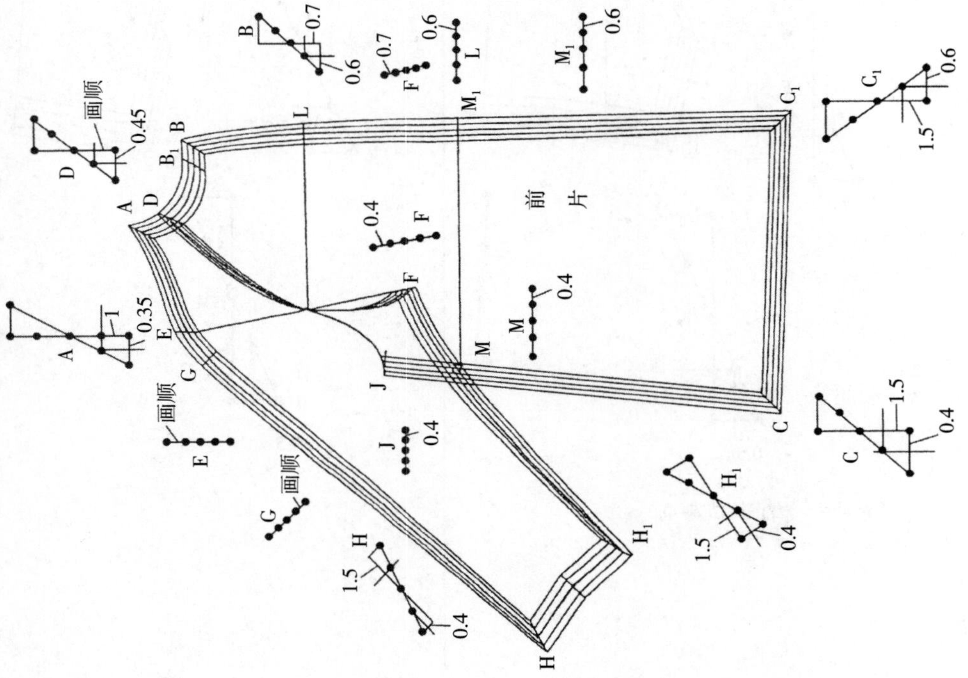

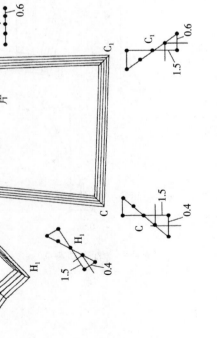

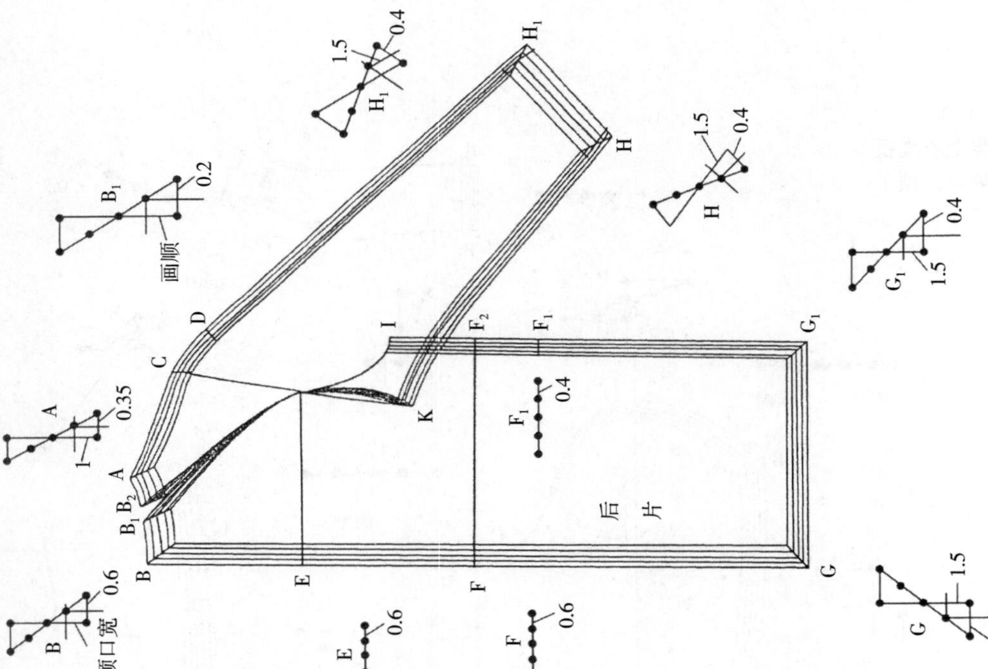

男式风衣推板 ••

1.规格系列设置（表4-9）

表4-9　男式风衣规格系列设置表　　　　　单位：cm

成品规格 部位 号型	160/82	165/86	170/90	175/94	180/98	档差值
衣　长	106	109	112	115	118	3
胸　围	110	114	118	122	126	4
肩　宽	45.6	46.8	48	49.2	50.4	1.2
袖　长	60	61.5	63	64.5	67	1.5
袖　口	18	18.5	19	19.5	20	0.5
领　围	42	43	44	45	46	1

2.推板图解（图4-23、图4-24、图4-25）

直筒裙推板 ••

1.规格系列设置（表4-10）

表4-10　直筒裙规格系列设置表　　　　　单位：cm

成品规格 部位 号型	155/59	160/63	165/67	170/71	175/75	档差值
腰　围	61	65	69	73	77	4
臀　围	90	94	98	102	106	4
裙　长	55	57.5	60	62.5	65	2.5

2.推板图解（图4-26）

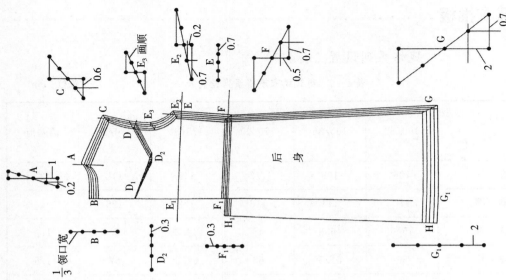

图4-24 男式风衣推板图解·后片

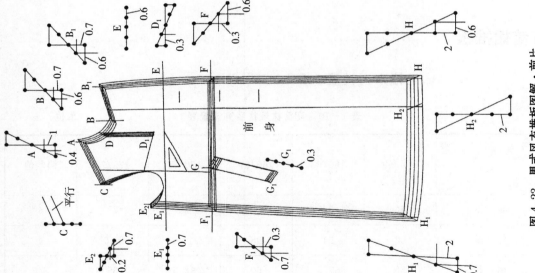

图4-23 男式风衣推板图解·前片

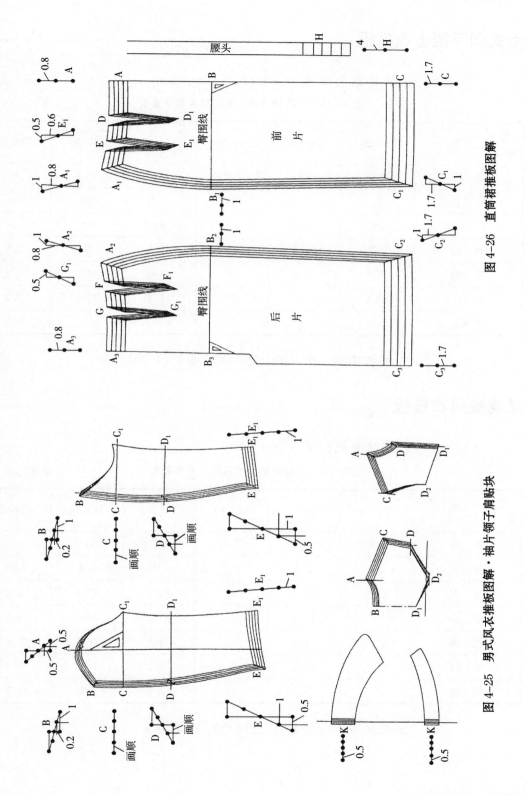

图 4-26　直筒裙推板图解

图 4-25　男式风衣推板图解·袖片领子肩贴块

女式圆下摆上衣推板 ···

1.规格系列设置（表4-11）

表4-11　女式圆下摆上衣规格系列设置表　　　　　　单位：cm

成品规格 号型 部位	155/80	160/84	165/88	170/92	175/96	档差值
胸　围	94	98	102	106	110	4
后衣长	61	63.5	66	68.5	71	2.5
肩　宽	40	41	42	43	44	1
袖　长	53	54.5	56	57.5	59	1.5
领　围	33.4	34.2	35	35.8	36.6	0.8
袖　口	10.4	10.7	11	11.3	11.6	0.3
腰节长						1.3

2.推板图解（图4-27、图4-28、图4-29、图4-30）

插肩袖风衣推板 ···

1.规格系列设置（表4-12）

表4-12　插肩袖风衣规格系列设置表　　　　　　单位：cm

成品规格 号型 部位	155/78	160/82	165/86	170/90	175/94	档差值
胸　围	98	102	106	110	114	4
后衣长	106	109	112	115	118	3
肩　宽	42.6	43.8	45	46.2	47.4	1.2
袖　长	55	56.5	58	59.5	61	1.5
领　围	43.4	44.2	45	45.8	46.6	0.8
袖　口	15.7	16.1	16.5	16.9	17.3	0.4
帽　高	37	38.5	40	41.5	43	1.5

2.推板图解（图4-31、图4-32、图4-33）

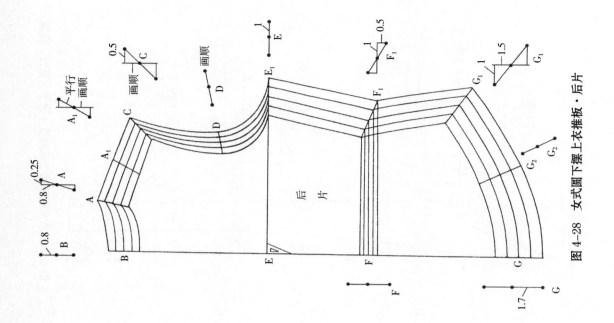

图 4-28　女式圆下摆上衣推板·后片

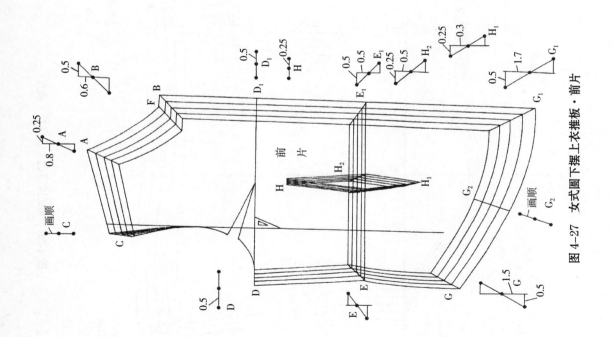

图 4-27　女式圆下摆上衣推板·前片

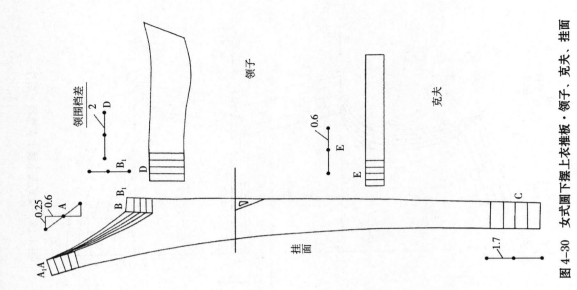

图 4-30 女式圆下摆上衣推板·领子、克夫、挂面

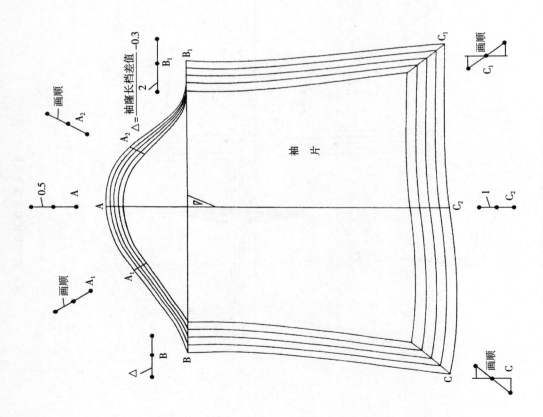

图 4-29 女式圆下摆上衣推板·袖片

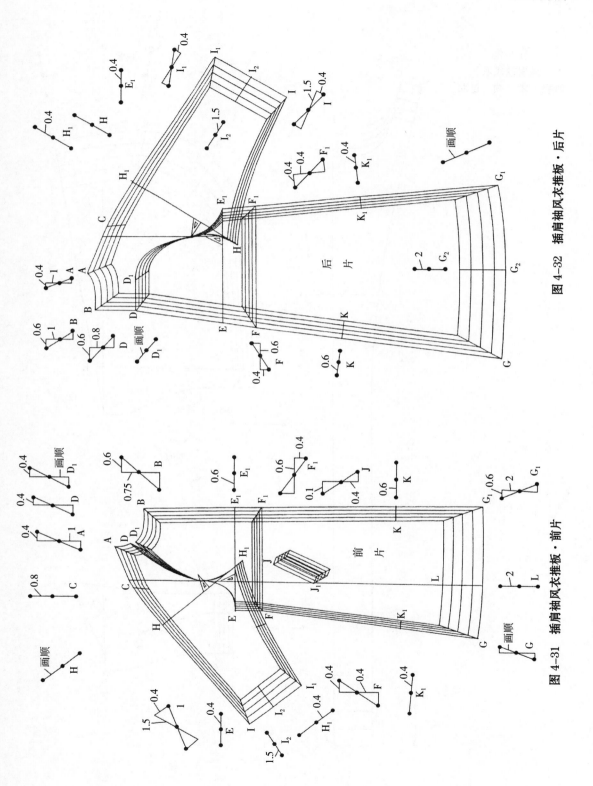

图 4-32 插肩袖风衣推板·后片

图 4-31 插肩袖风衣推板·前片

图 4-33
插肩袖风衣
推板·帽、领、过面

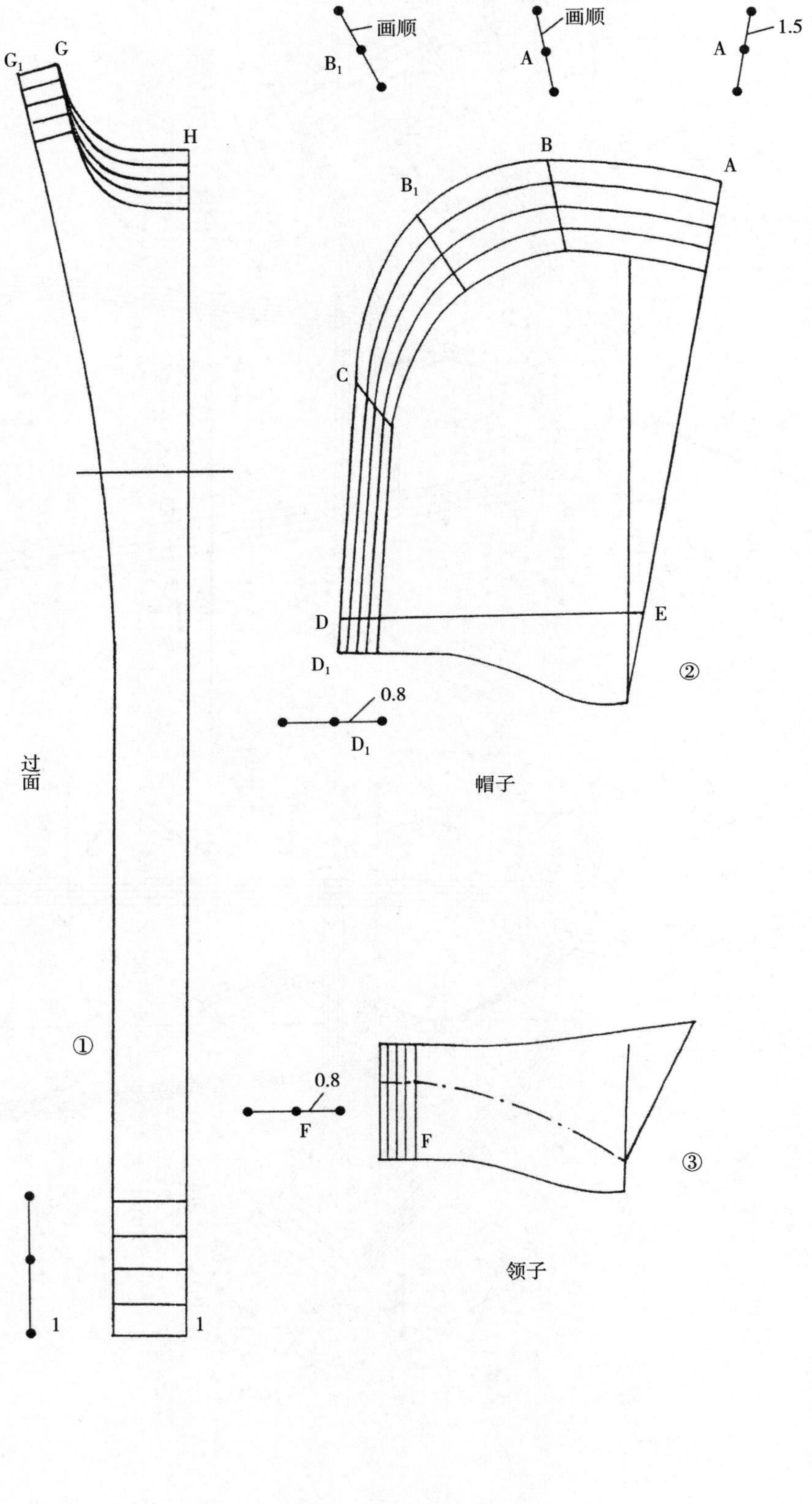

画顺

画顺

1.5

过面

①

帽子

领子

0.8

0.8

②

③

女式公主缝上衣推板 ·····································

1. 规格系列设置（表4-13）

表4-13　女式公主缝上衣规格系列设置表　　　　　　单位：cm

成品规格号型部位	155/80	160/84	165/88	170/92	175/96	档差值
胸　围	94	98	102	106	110	4
后衣长	61	63.5	66	68.5	71	2.5
肩　宽	40	41	42	43	44	1
袖　长	54	55.5	57	58.5	60	1.5
袖　口	13.4	13.7	14	14.3	14.6	0.3

2. 推板图解（图4-34、图4-35、图4-36）

西装背心推板 ·····································

1. 规格系列设置（表4-14）

表4-14　西装背心规格系列设置表　　　　　　单位：cm

成品规格号型部位	160/80	165/84	170/88	175/92	180/96	档差值
胸　围	90	94	98	102	106	4
衣　长	54	56	58	60	62	2
肩　宽	35.6	36.8	38	49.2	50.4	1.2
腰节长	40.5	41.75	43	44.25	45.5	1.25

2. 推板图解（图4-37）

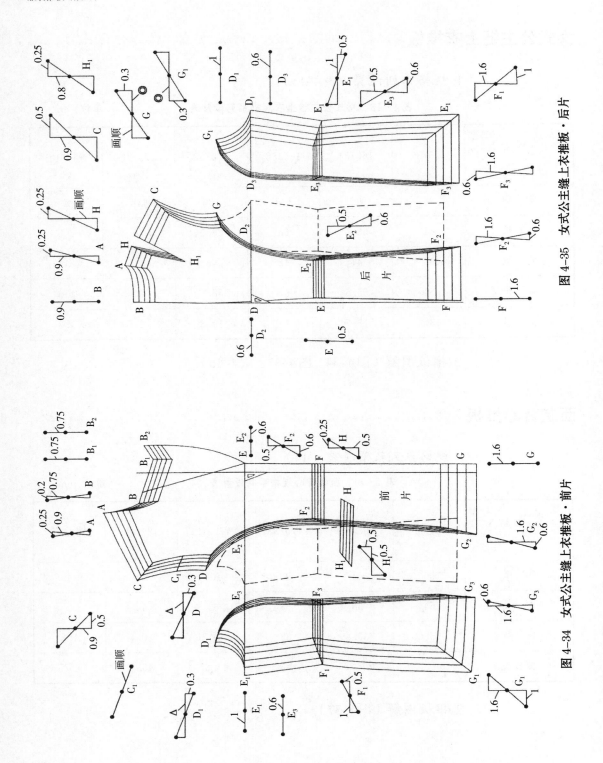

图 4-35 女式公主缝上衣推板·后片

图 4-34 女式公主缝上衣推板·前片

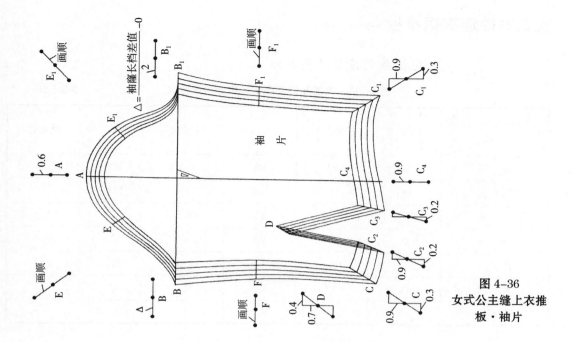

图 4-36
女式公主缝上衣推板·袖片

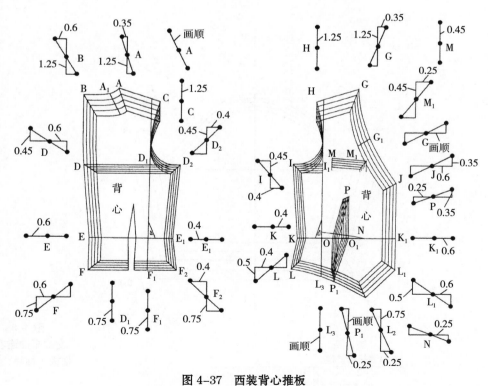

图 4-37　西装背心推板

女式短袖连衣裙推板 ·······································

1. 规格系列设置（表4-15）

表4-15　女式短袖连衣裙规格系列设置表　　　　　　　　单位：cm

成品规格 部　位	155/80	160/84	165/88	170/92	175/96	档差值
胸　围	90	94	98	102	106	4
后衣长	101	104	104	110	113	3
肩　宽	38.6	39.8	41	42.2	43.4	1.2
袖　长	25	26.5	28	29.5	31	1.5
袖　口	13.2	13.6	14	14.4	14.8	0.4
腰　围	76	80	84	88	92	4
腰节长						1.3

2. 推板图解（图4-38、图4-39、图4-40）

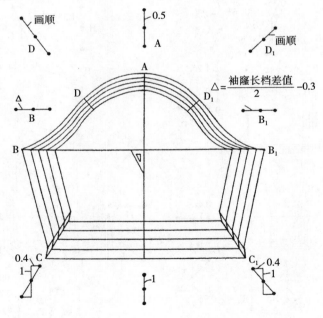

图 4-38
女式短袖连衣裙
推板·袖片、领子

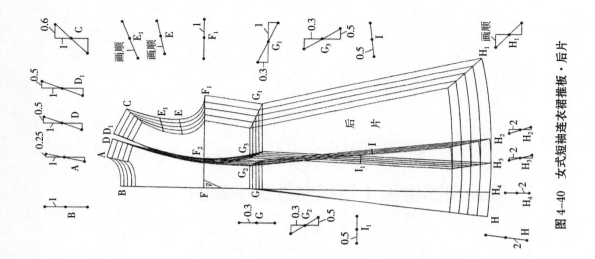

图 4-40　女式短袖连衣裙推板·后片

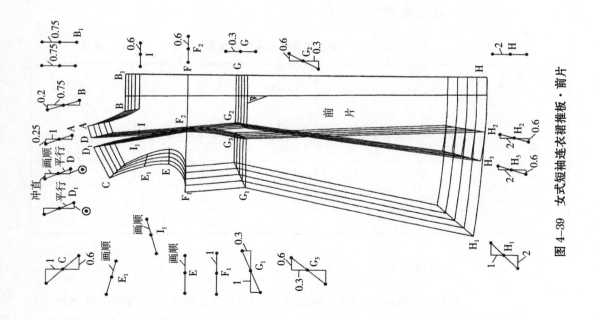

图 4-39　女式短袖连衣裙推板·前片

4.3 服装局部推板（不规则推板）实例

原型局部推板

1. 规格系列设置（表4-16）

表4-16 原型局部规格系列设置表 单位：cm

成品规格 号型 部 位	162/80	162/82	162/84	162/86	162/88	档差值
前腰节长	41	41	41	41	41	0
胸 围	86	90	94	98	102	4
肩 宽	36	37.5	39	40.5	42	1.5
袖 长	57	57	57	57	57	0
袖口大	13	13.5	14	14.5	15	0.5

2. 推板说明

前片（图4-41）:（1）肩颈点校正线①与领窝点校正线②向外呈放射状时说明领口弧线进行了推板。（2）肩颈点校正线①与下边线（这里指腰节线）③呈平行关系说明前片衣长未进行放缩。（3）当各板型肩测点置于线④中时，E点要放缩出0.75 cm，这是因为该板的肩宽档差设定的数值是1.5 cm。

（4）肩颈点A点左右推移0.55 cm时说明领宽进行了推板，并且档差为0.2 cm，这是因为前中线E点放缩出的数值是0.75 cm，而肩颈点A点放缩出的数值却是0.55 cm，即0.75 cm–0.55 cm=0.2 cm。（5）领窝点C点上下放缩的数值是0.2 cm，说明前片领深的档差即是0.2 cm。

后片（图4–42）：（1）肩颈点A点左右放缩的量要与前片肩颈点A点左右放缩的量相同。（2）肩颈点校正线①与肩侧点校正线②是平行关系，这就说明落肩的大小并没有进行放缩。（3）肩侧点校正线②与袖窿深线③是平行关系说明袖窿弧线没有进行放缩。（4）肩颈点校正线①与下边线（这里指腰节线）④呈平行关系说明后片衣长未进行放缩。

袖片（图4–43）：（1）袖山高顶点校正线①与袖头校正线③呈平行关系说明袖片长未进行放缩。（2）C点和D点左右放缩0.45 cm是因为前后片袖窿线的档差约为0.9 cm（可以实际测量出）。（3）各板的袖山高顶点校正线①与袖山底线②是固定不变的数值关系说明袖山高未进行放缩。

3.样板推板图解（图4–41、图4–42、图4–43）

男式裤型局部推板实例

1.规格系列设置（表4–17）

表4–17　男式裤型局部规格系列设置表　　　　　　单位：cm

成品 规格 号型 部位	165/70	165/74	165/78	165/82	165/86	档差值
裤　长	99	99	99	99	99	0
腰　围	71	75	79	83	87	4
臀　围	101	105	109	113	117	4
立　裆	30	30	30	30	30	0
脚　口	22.4	23.2	24	24.8	25.6	0.8

2.男式裤型样板不规则推板图解（图4–44）

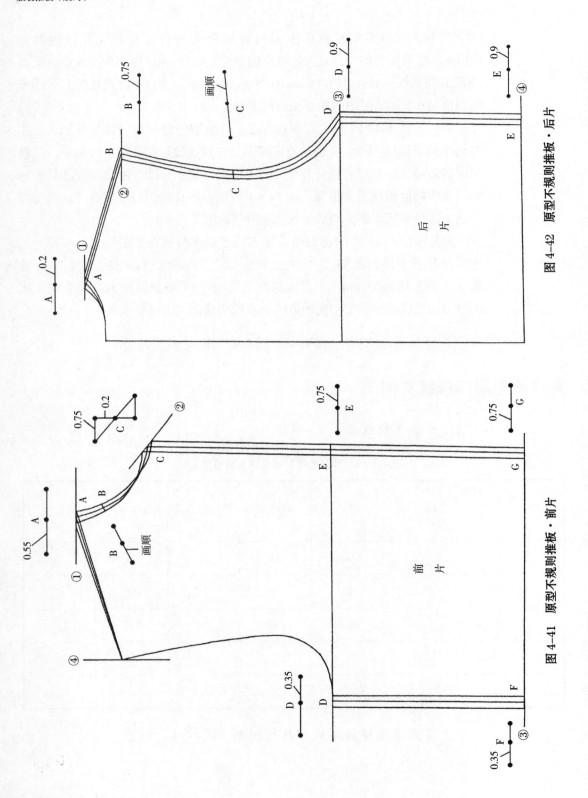

图 4-42 原型不规则推板·后片

图 4-41 原型不规则推板·前片

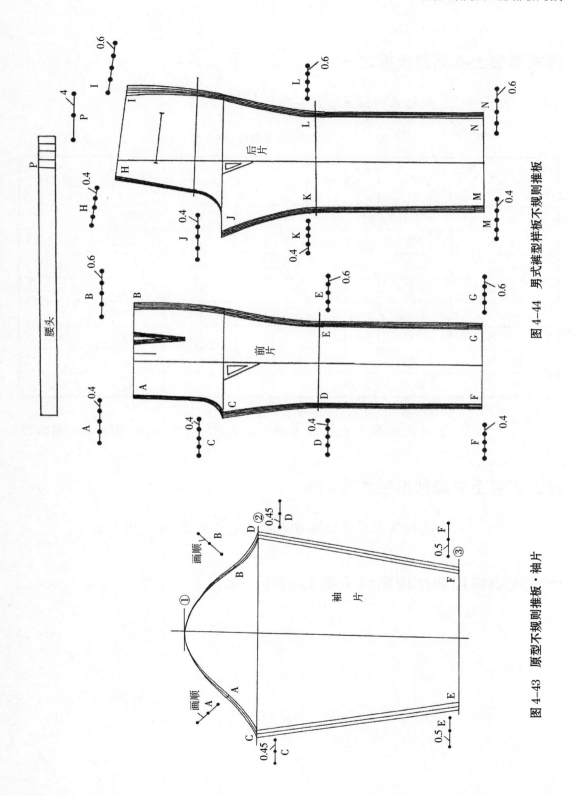

图 4-44 男式裤型样板不规则推板

图 4-43 原型不规则推板·袖片

男式西装上衣局部推板之一 ···

1. 规格系列设置（表4-18）

表 4-18 男式西装上衣规格系列设置   单位：cm

成品规格 部位 ＼ 号型	170/82	170/86	170/90	170/94	170/98	档差值
衣 长	77	77	77	77	77	0
胸 围	102	106	110	114	118	4
肩 宽	43.5	44.7	45.9	47.1	48.3	1.2
袖 长	62	62	62	62	62	0
袖 口	14.4	14.7	15	15.3	15.6	0.3
下 袋	14	14.5	15	15.5	16	0.5
腰 节	42	42	42	42	42	0
领 大	38.4	39.2	40	40.8	41.6	0.8

2. 男式西装上衣样板不规则推板之一（图4-45、图4-46、图4-47）

男式西装上衣局部推板之二 ···

男式西装上衣样板不规则推板之二（图4-48、图4-49）

女式连衣裙局部推板图解（图4-50）···

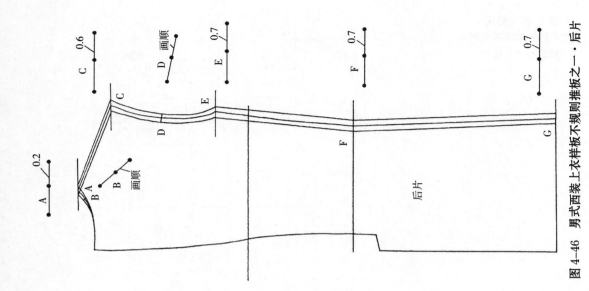

图 4-46　男式西装上衣样板不规则推板之一·后片

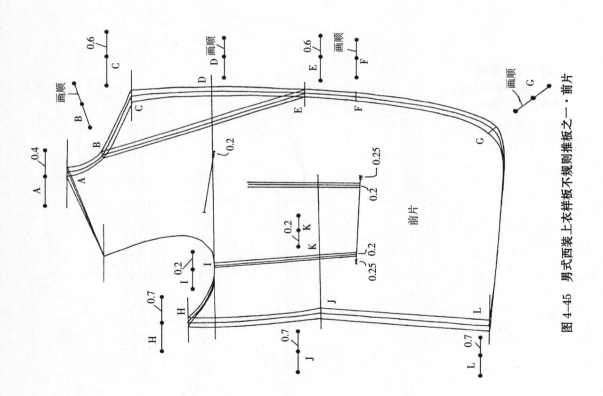

图 4-45　男式西装上衣样板不规则推板之一·前片

图 4-47　男式
西装上衣样板不规则
推板之一·袖片

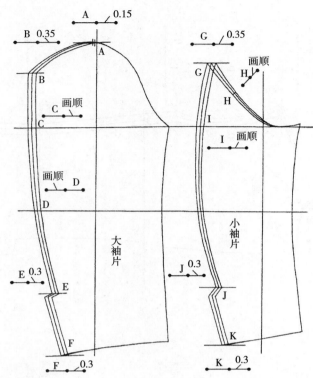

图 4-48　男式
西装上衣样板不规则
推板之二·前片，
侧片，后片，领片

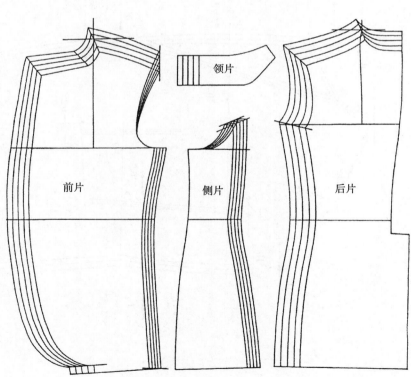

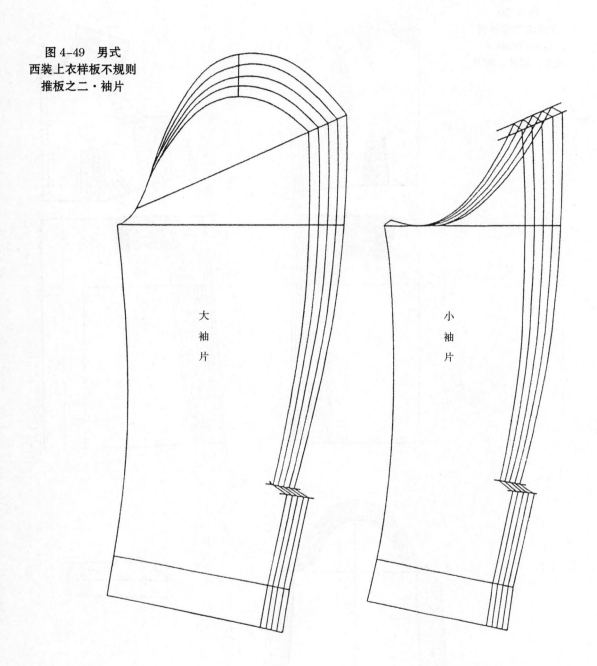

图 4-49　男式
西装上衣样板不规则
推板之二·袖片

大
袖
片

小
袖
片

图 4-50
女式连衣裙样板
不规则推板·
衣片，裙片，袖片

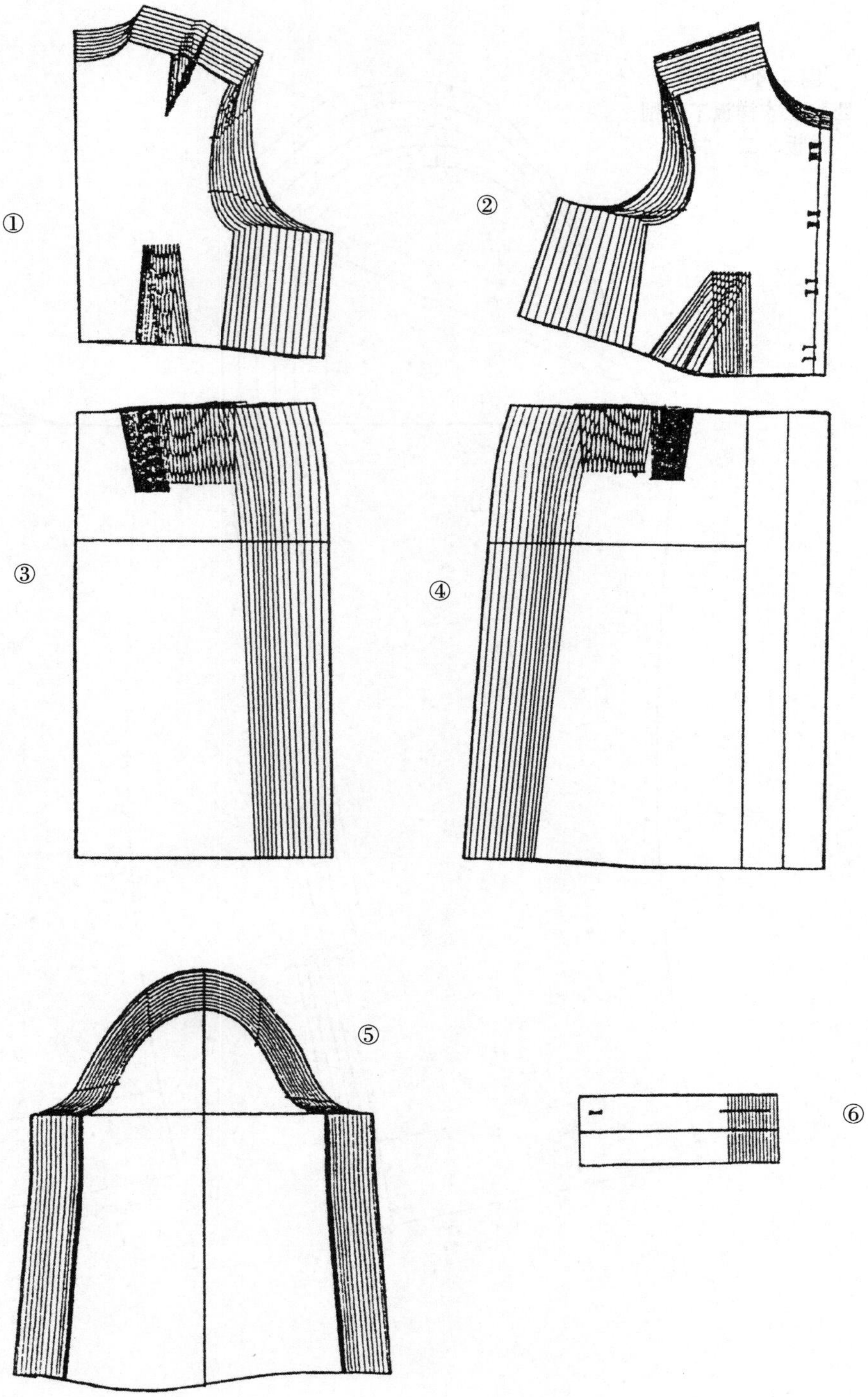

①

②

③

④

⑤

⑥

4.4 服装等分法推板参考

服装等分法推板图解（图4-51～图4-55）

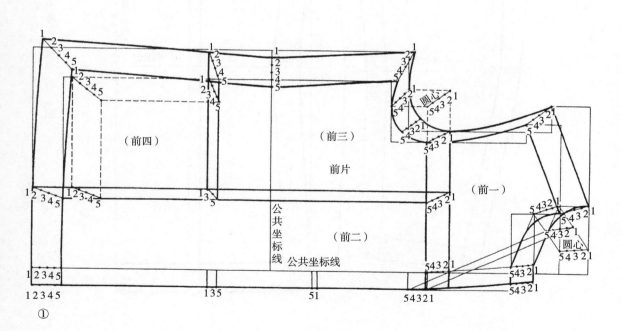

①

图 4-51　女式上衣等分法推板·前片

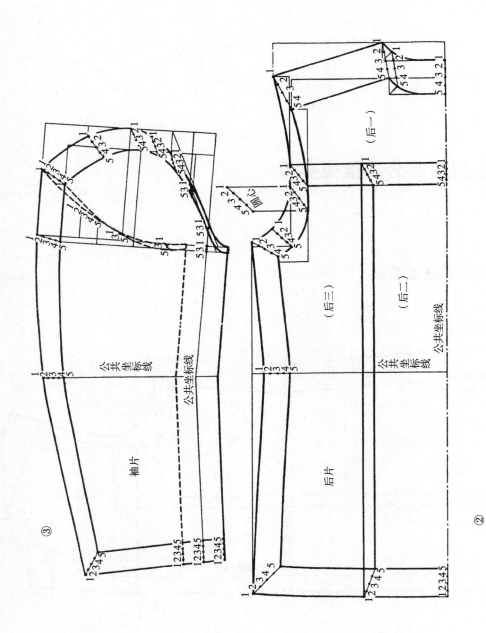

图4-52 女式上衣等分法推板·后片，袖片

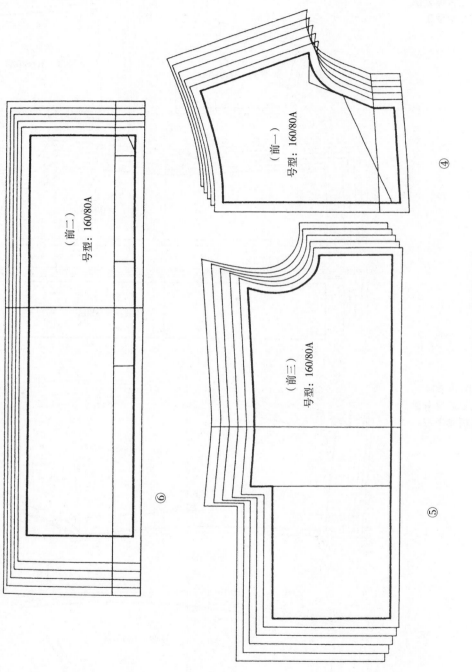

（前二）
号型：160/80A

（前一）
号型：160/80A

（前三）
号型：160/80A

④

⑤

⑥

图 4-53　女式上衣等分法推板参考一

图 4–54
女式上衣等分法
推板参考二

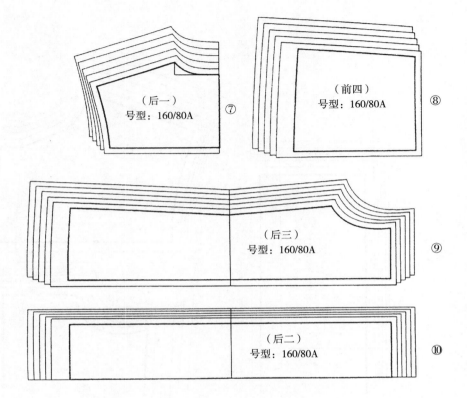

（后一）
号型：160/80A ⑦

（前四）
号型：160/80A ⑧

（后三）
号型：160/80A ⑨

（后二）
号型：160/80A ⑩

图 4–55
女式上衣等分法
推板参考三

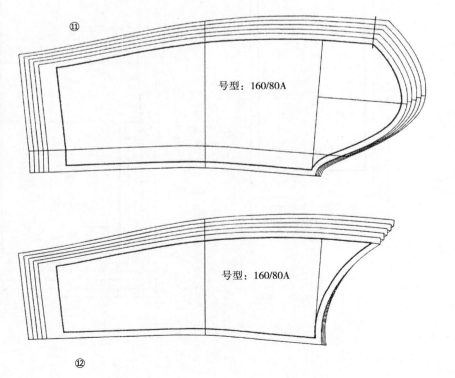

⑪

号型：160/80A

号型：160/80A

⑫

4.5 服装标值推板分档练习

图 4-56
女式连衣装
标值分档图解

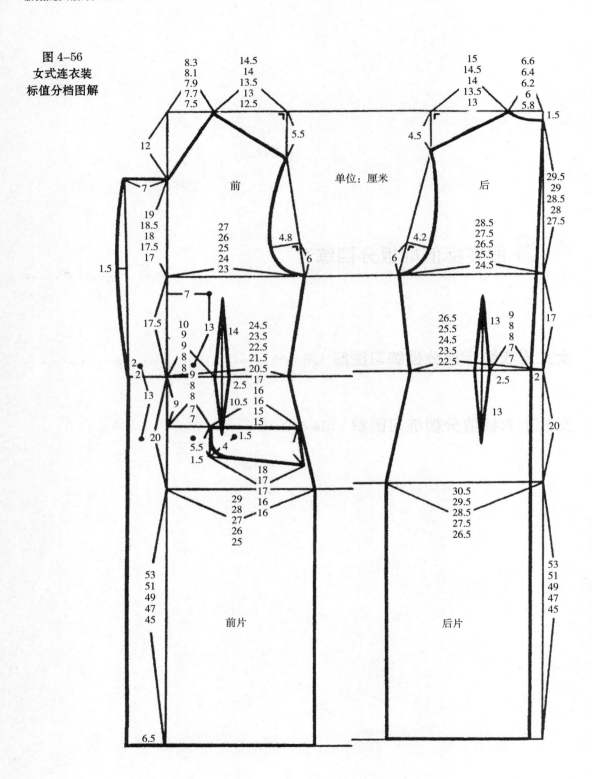

单位：厘米

图 4-57
女式上衣
标值分档图解

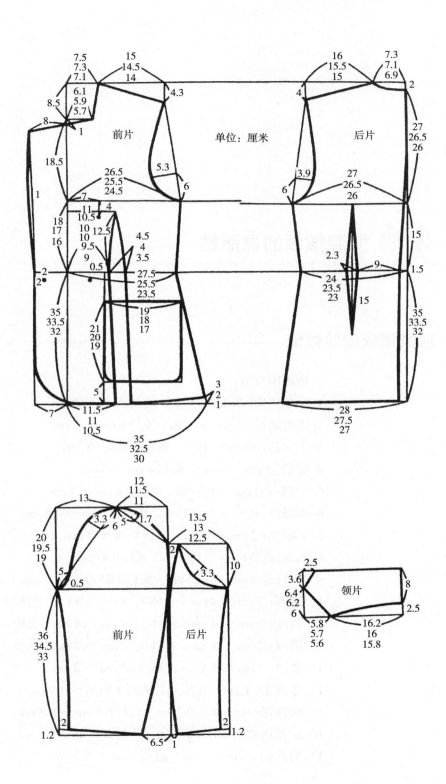

单位：厘米

4.6 服装推板的灵活性

服装推板经验数值

一档所用数值：

1. 半截裙长：2 cm ～ 3 cm、流行 3 cm ～ 4 cm

2. 连衣裙长：3 cm ～ 4 cm、流行 4 cm ～ 5 cm

3. 大衣长：3 cm ～ 4 cm、流行 4 cm ～ 5 cm

4. 裤长：3 cm ～ 4 cm、流行 4 cm ～ 5 cm

5. 立裆：0.4 cm ～ 0.6 cm、流行 0.6 cm ～ 1 cm

6. 裤脚口：0.5 cm ～ 0.7 cm、流行 0.7 cm ～ 0.9 cm

7. 上衣长：2 cm ～ 3 cm、流行 3 cm ～ 4 cm

8. 袖窿深：0.6 cm ～ 0.8 cm、流行 0.8 cm ～ 1 cm

9. 腰节长：1 cm ～ 1.25 cm、流行 1.25 cm ～ 1.5 cm

10. 胸围：2 cm ～ 4 cm（合体）、4 cm ～ 8 cm（宽松）

11. 腰围：2 cm ～ 4 cm（合体）、4 cm ～ 8 cm（宽松）

12. 臀围：2 cm ～ 4 cm（合体）、4 cm ～ 8 cm（宽松）

13. 领围：1 cm ～ 1.5 cm、流行 1.5 cm ～ 2 cm

14. 总肩宽：1 cm ～ 1.5 cm、流行 1.5 cm ～ 1.9 cm

15. 前胸宽：0.6 cm ～ 0.7 cm、流行 0.7 cm ～ 0.8 cm

16. 后背宽：0.6 cm ～ 0.7 cm、流行 0.7 cm ～ 0.8 cm

17. 袖长：1.5 cm ～ 2 cm、流行 2 cm ～ 2.5 cm

18. 袖山：0.4 cm～0.6 cm、流行0.6 cm～0.8 cm

19. 袖口：0.5 cm～0.7 cm、流行0.7 cm～0.9 cm

服装档差值设计的灵活性

关于档差设计的数值问题，我们需要注意：档差设定不能太死，要有一定的灵活性。服装款式多种多样、各有特点，这本身也要求推板时不应太死板。如女式晚礼服，由于它的风格要求，衣长在推板时一档的幅度可适当加大至5 cm～7 cm；而短裙、短裤的长度放缩时，一档幅度可适当减少。

各部位档差确定相互之间应该协调，也就是横向围度之间的数据分配要协调，各部位长度之间的数据分配要协调。横向与纵向的放缩幅度一般是不同的，这是因为人体围度放缩幅度与长度放缩幅度实际上是不同的，这两者相互之间不是等比例关系所决定的。

服装推板运用了数学中相似形原理、坐标等差平移原理和任意图形在投影射线中的相似变换原理，服装样板推放、绘制出的成套号型规格系列样板，必须具备三个几何特征，即相似性、平行性和规格档差一致性。

（1）同一品种、款型、体型的全套号型规格系列样板，无论大小，都必须保持廓型相似。

（2）全套号型规格系列样板的各个相同部位的直线、曲线、弧线都必须保持平行。

（3）全套号型规格系列样板，由小到大或由大到小依次排列，各相同部位的线条间距必须保持相等的规格档差和结构部位档差。

另外需要特别说明的是：档差数值大小的设定还必须要考虑某款式的推档数（即推几个档，如三个档：大L、中M、小S；五个档：特大XL、大L、中M、小S、特小XS；还有七个档；九个档等）。推档数越多，档差值就越小，推档数越少，档差值就越大。实际中，推板放码一般需要自定号型系列尺寸（松度、净量），多数没有现成合适的尺寸（不一定要与国家规定的标准号型接轨）。有时虽净尺寸与国家标准号型基本一致，但派生出来的具体松度数量的尺寸却因设计人取舍不同而不一致，从而出现尴尬。

关于放缩尺寸与国家标准接轨问题：某一服装款式放缩所定尺寸（档差系列设置）不一定要与国家服装系列号型尺寸完全相吻合（但是缝制在服装上的尺码要规范，内容写法必须要符合国家标准）。关键是应以服装造型风格要求来考虑如何设定档差系列数值。在具体操作过程中，可以尺寸设置与国际接轨同步设计，但也可以不接轨地自由设计。中外推板放码不接轨者居多，但不管如何，推板都要保证服装款式造型的风格不变。

自行设定尺寸应该知道人体一般净尺寸，这一点是成衣尺码客观准确的前提，也是灵活处理的依据。净尺寸是内核骨架（松度尺寸是派生出来的），做到人体尺寸心中有数是非常重要的，这也就可以避免尺寸设定过分随意。

推板放码思考是一个全方位的分析过程。结构图形从坐标轴心向四周有规律地扩张，操作时应使各部位放缩尽量协调。推板时要牢牢以放大机的原理为基点，结合人体原型、时装变化特点、人为经验等方面综合考虑，如果思维不客观就会出现严重的错误，其中，糊涂思路、多方误解、钻牛角尖等都是要不得的。所以推板的正确思维是很重要的。

5

服装排板（排料）

　　服装排板（排料）是成衣工厂必不可少的一个生产环节（也是家庭及个体制作服装时必须要考虑的问题），如果不掌握一定的排板知识，那么就会出现排板不当、甚至排料错误，会给企业造成重大的经济损失和时间损失，所以学习和掌握正确的服装排板知识很有必要，也是必须的。

5.1 服装排板要求

排板前准备

1. 完整的样板

标准工业样板是指工业用的最后定型板。一般包括全套毛板，每块样板上都要有丝缕标注，为裁床排板提供正确的参考。另外，因为标准样板包括很多不同号型的整套样板，这些样板在保管以及排板时很容易搞错，所以每块板型上都要标明板号（编号）、款号、号型等。作为标准样板因此可以直接用于裁床之排板。

标准工业样板的制定是成衣工厂在裁床排板前必须要完成的工作程序，如果没有完成标准工业样板的制定，排板工作将无法进行，所以制定出标准工业样板，一定要按时、按计划完成。

在制定标准工业样板时要注意的事项包括：（1）一定要正确加放缝分的具体尺寸。加放缝分的具体尺时，除了常规的方法外，还特别要注意符合制衣设备对缝分的具体要求。（2）要先获得布料缩水率的准确数值，然后将布料缩水率的准确数值加入制板尺寸中进行制板，使得制出的样板在洗水处理后符合实际需要的尺寸。（3）要了解工艺制作方法对缝分的特别要求，防止因工艺制作方法的不同而影响服装的正确尺寸。

2. 技术准备

1）核对技术文件

在排板前要认真阅读、核对相关的技术文件，如生产通知单、领料单等。搞清产品的款号、款式造型、花色、条格、颜色搭配等。

2）熟悉排板（料）小样

有时在正式排板前有排小样的要求，那么就要首先认真地排出小样图稿，正确掌握排板方法，而后参照排板小样进行正式1∶1排板。

附：排板小样图（见图5-1）。

3）熟悉布料

在排板前要整理样布，注意布料的正反面、倒顺毛、花色纹样、条格及原料性能等。另外还要搞清布料是否需要熨烫、自然回缩等。

3. 值得注意的问题

1）经纬纱向

衣片的经纬纱向（俗称丝缕）的状况，是决定产品质量优劣的重要条件之一。在排板时一定要严格按样板上所标的丝缕方向排置，不可随意更改。

2）对条对格

选用条格面料制作服装，是为了设计上的造型美观，排料画样的时候必须做到对条对格，混乱的格纹会影响成品服装的美观。高档时装对对条对格要求更为严格。

（1）对条：条形图案在排料时要注意左右对称、横竖对准。如横向、竖向或斜向的条形对位；明贴袋、袋盖等可视效果要与整体衣身协调；领面要左右对称，领中要与后中线对接；挂面的拼接对条；袖子左右对条；裤子裆缝左右呈人字形的斜向对条；裤后袋、前斜袋都要求与整体裤身对条。

（2）对格：一般来说，对格是横竖方面都要求相对应的，对应的重点是左右门襟、背缝、领中与领中缝、大袖与小袖，在这些主要部位对格之后再来考虑前后身摆缝、袖子与前胸后背、贴袋和袋盖等。

国家标准中对各种服装主要品种对条、对格都有明确而严格的技术要求，如男女衬衫、男女单服、男女毛呢大衣等，如表5-1、表5-2。

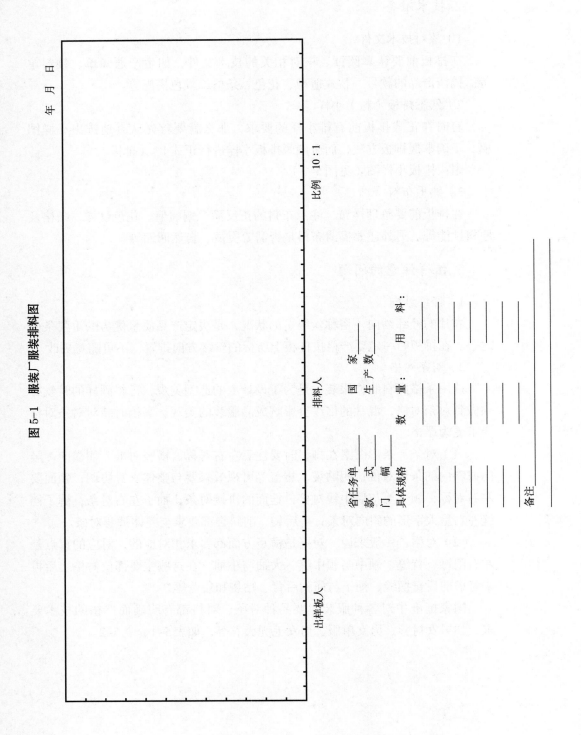

图 5-1　服装厂服装排料图

表 5-1　部位对条对格规定

品种	部位	对条对格规定	备注
男女衬衫	左右前身	条料顺直，格料对横，两片互比条格差不大于0.4	遇格子大小不一致时，以前身长1/3上部为主
	袋与前身	条料对条，格料对格，两者互比条格差不大于0.3	遇格子大小不一致时，以袋前部的中心为准
	斜料双袋	左右对称，互比条格差不大于0.5	以明显条格为主（阴阳条格例外）
	左右领尖	条格对称，互比条格差不大于0.3	遇有阴阳条格，以明显条格为主
	袖头	左右袖头，条格料以直条对称，互比条格差不大于0.3	以明显条格为主
	后过肩	条料顺直，两端互比差不大于0.4	
	长袖	格料袖，以袖山为准，两袖对称，互比条格差不大于1	5 cm 以下格料不对横
	短袖	格料袖，以袖口为准，两袖对称，互比条格差不大于0.5	3 cm 以下格料不对横
男女单上衣	左右前身	条料基本顺直，格料对横，两者互比条格差不大于0.4	遇格子大小不一致时，以衣长1/3上部为主
	袋与前身	条料对条，格料对横，两者互比条格差不大于0.4，斜料贴袋，左右对称，条格差不大于0.5	阴阳条格例外。遇格子大小不一致时，以袋前部为主
	左右领尖	条格对称，互比条格差不大于0.3	遇有阴阳条格，以明显条格为主
	袖子	条料顺直，格料对横，以袖山为准，两袖对称，互比条格差不大于1	
普通男女裤	裤侧缝	中档线以下对横，前后片互比差不大于0.4	
	裤前中线	条料顺直，条纹允许斜不大于2	

表5-2　男女毛呢上衣、大衣、裤子明显条格在1 cm以上的对条对格规定

品种	部位	对条对格规定	
		高档	中档
男毛呢大衣	左右前身	由上至下第四眼位（中山装）起，每片条纹倾斜不大于0.3	与高档同
	袋与前身	条料对条，格料对格，两者互比条格差不大于0.2	对条对格，袋与衣身差不大于0.3
	袖与前身	格料对横，袖与身互比格差不大于0.4	格料对横，互比格差不大于0.6
	背缝	以上部为准，条料对条，格料对横，背缝两片互比差不大于0.2	同高档，但两片差可不大于0.3
	领子驳头	条格料，领尖、驳头左右对称，两边互比差不大于0.3	同高档，当两边互比差可不大于0.4
	上衣侧缝	格料对横，前后片对格差不大于0.3	同高档，但互比差不大于0.4
	袖子	条格顺直，以袖山为准，两袖对称，两袖互比差不大于0.5	同高档，但互比差可不大于0.8
女毛呢大衣	左右前身	胸部以下条料顺直，格料对横，两片对条对格，互比差不大于0.3，斜料对称	同高档，但互比差可不大于0.4
	袋与前身	条料对条，格料对横，袋与身比差不大于0.2，斜料对换，两者互比差不大于0.4	同高档，但两者差可不大于0.4、0.6
	袖与前身	格料对横，袖与身互比格差不大于0.4	同高档，但两者差可不大于0.6
	背缝	以上部为准，条料对条，格料对横，两片对条对格互比差不大于0.2	同高档，但两片差可不大于0.3
	领子驳头	条格料，领尖、驳头左右对称，两边互比差不大于0.3	同高档，但两边比差可不大于0.4
	袖子	条格顺直，以袖山为准，两袖对称，两袖互比差不大于0.5	同高档，但两袖差可不大于0.8
	上衣侧缝	格料对横，前后片对格差不大于0.3	同高档，但互比差可不大于0.4
男女毛呢裤	裤侧缝	侧缝袋口10 cm以下，格料对横，前后片对格差不大于0.3	同高档，但互比差不大于0.5
	前后下裆缝	条料对称，格料对横，前后比差不大于0.4	同高档，但互比差可不大于0.6
	袋盖与后身	条料对条，格料对格，两者互比差不大于0.3	同高档，两者互比差可不大于0.4

3）倒顺要求

排板时要注意布料的倒顺毛或有倒顺光感的特殊情况。倒顺毛是指织物表面绒毛有方向性的倒向。倒顺光感是指有些织物表面虽不是绒毛状，但由于后处理时的工艺关系而出现的有倒顺光感的现象，即织物倒顺两个方向的光泽不同。

倒顺毛的布料在排板时一般为全身顺向一边倒，长毛原料全身向下，顺向一致。

① 顺毛排板：绒毛较长，如长毛绒、裘皮等倒伏较明显的材料，一般顺毛排板，毛峰向下一致，这样效果会光洁顺畅。

② 倒毛排板：绒毛较短，如灯芯绒等织物可以倒毛方向排板，显得饱满、柔顺。

③ 倒顺组合排板：对于一些倒顺没有明显要求的材料，为了节约用料，可以一件倒排一件顺排。

但是，在同一件服装的各个部件、零件中，无论采用的面料的绒毛长短及倒顺长度如何，都应与大身的倒顺向一致，不能有倒有顺。衣领领面的倒顺毛方向，应使成品的领面翻下后与后衣身绒毛的倒向一致。

4）花型纹样布料排板

花型纹样布料的图案一般分为：（1）无方向性的排列，如"乱花型"图案，对于这类布料在排板时可以不予考虑倒顺问题。（2）另一种则是有着明显上下视觉效果的图案，如有上下感的植物、动物、人物、山水等。（3）另有些面料是专用花型图案，如用于女裙、女衫上。排料不但专用性强，而且图案在服装上的位置是固定的，所以这类衣料在排料画样时位置一定要固定。除以上这三个方面外还应考虑颜色深浅、图案疏密等情况，这些布料在排板时也应注意倒顺方向。

5）拼接要求

服装的某些部位在不影响美观和产品质量以及产品规格尺寸的前提下，可以有一定的拼接，但一定要符合国家标准规定。如图5-2所示。一般允许拼接的服装部位有裤腰部分、翻领领面后中线处（高档服装不允许拼接此处）、裤裆后片大裆角部分（但长不超过20 cm，宽不大于7 cm、不小于3 cm）、内块部分等。

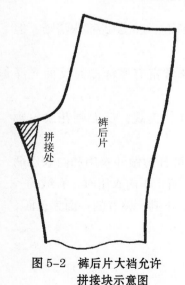

图5-2 裤后片大裆允许
拼接块示意图

排板技巧 ···

① 要按标准规定，依各项技术要求排板。但在技术规定允许的范围内具体排板时可以灵活些。

② 有排板小样的要参考排板小样图进行1：1排板。排板小样可手制也可用计算机设计。

③ 排板时一般是画在替布纸上，最好不要直接画在布料上。

④ 画具质量要好，标记符号要正确清楚，位置要准确。

⑤ 排板要诀：（1）直对直、弯对弯、斜边颠倒。（2）先大片、后小片、排满布面。（3）遇双幅无倒顺、不分左右。（4）若单铺要对称、正反分清。如图5-3、图5-4所示。

先要识别布料正反面 ···

在排板前一定要用各种方法首先分清所用布料的正反面，当分不清正反面时请不要拉布重叠，否则将会导致错误。

① 普通平纹面料的正、反面在外观上一般没有差异，平纹印花面料正面颜色较反面更为鲜艳。

② 斜纹织物（如斜纹布、纱卡等）其正面斜纹的斜路清晰、明显，呈"\"形，织物反面则呈平纹织形。

③ 斜纹织物（如华达呢、卡其等）其正、反面斜纹的斜路都很清晰，但正面纹向呈"/"形，反面纹向则呈"\"形。

④ 缎纹织物的正面都比较平整、紧密，非常富有光泽；而反面光泽较暗。

⑤ 提花织物正面花纹轮廓清晰，光泽匀净、美观；反面则花纹轮廓模糊。

⑥ 绒类织物有长毛绒、平绒、灯芯绒等，可分为做外衣用和内衣用两类。绒类织物外用的时候一般有绒毛的一面是正面；作内衣用时，有绒的一面为反面（朝里贴身）。双面绒织物，绒毛紧密、丰满、整齐的一面为正面。

图 5-3
排板技巧示意图一

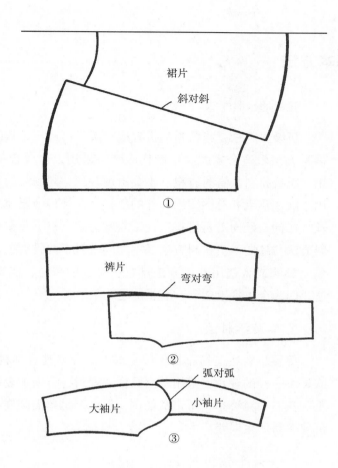

①

②

③

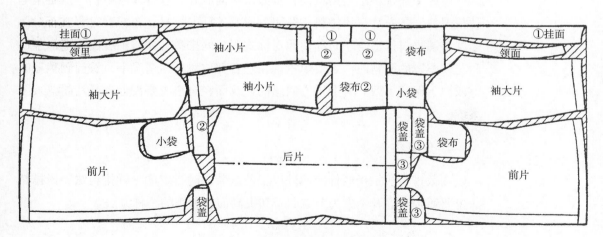

图 5-4　排板技巧示意图二

排板的基本方法

1. 折叠排料法

折叠排料法是指将布料折叠成双层后再进行排料的一种排料方法，这种排料方法较适合家庭少量制作服装时采用，也适合于成衣工厂制作样衣时用。折叠排料法省时省料，不会出现裁片"同顺"的错误。纬向对折排料适用于除倒顺毛和有图案织物外的面料，在排料中要注意样板的丝缕与布料的丝缕相同。经向对折排料适合于除鸳鸯条、格子及图案织物外的面料，其排料方法与纬向对折排料方法基本相同。对于两段有色差的面料，应注意避免色差影响或者选用其他方法排料；对有倒顺毛、倒顺花的衣料不能采用此法，因为会出现上层顺、下层倒的现象。

2. 单层排料法

单层排料法是指布料单层全部平展开来进行排料的一种方法。对规格、式样不一样的裁片，采用单面画样、铺料，可增加套排的可能性，保证倒顺毛和左右不对称条料不错乱颠倒。但由于是单面画样、铺料，左右两片对称部位容易产生误差。

3. 多层平铺排料法

多层平铺排料法是指将面料全部以平面展开后进行多层重叠，然后用电动裁刀剪开各衣片，该排料法适用于成衣工厂的排料。布料背对背或面对面多层平铺排料，适合于对称及非对称式服装的排料。如遇到有倒顺毛、条格和花纹图案的面料时一定要慎重，在左右部位对称的情况下，设计倒顺毛向上或向下保持一致。有上下方向感的花纹面料排料时要设计各裁片的花纹图案统一朝上。

4. 套裁排料法

套裁排料法是指两件或两件以上的服装同时排料的一种排料法，该排料法主要适合家庭及个人为节省面料和提高面料利用的一种方法。

5. 紧密排料法

紧密排料法的要求是，尽可能地利用最少的面料排出最多的裁片，其基本方法是：（1）先长后短，如前后裤片先排，然后再排其他较短的裁片。（2）先大后小，如，先排前后衣片、袖片，然后再排较小的裁片。（3）先主后次，如先排暴露在外面的袋面、领面等，然后再排次要的裁片。（4）见缝插针，排料时要利用最佳排列原理，在各个裁片形状相吻合的情况下，利用一切可利用的面料。（5）见空就用，在排料时如看到有较大的面料空隙时，可以通过重新排料组合，或者利用一些边料进行拼接，以最大程度地节约面料，降低服装成本。

6. 合理排料法

是指排料不仅要追求省时省料，同时还要全面分析排料布局的科学性、专业标准性和正确性。要根据款式的特点从实际情况出发，随机应变、物尽其用。（1）避免色差，一般有较严重色差的面料是不可用的，但有时色差很小或不得不用时，我们就要考虑如何合理地排料了。一般布料两边的色泽质量相对较差，所以在排料时要尽量将裤子的内侧缝线排放在面料两侧，因为外侧缝线的位置在视觉上要比内侧缝的位置重要得多。（2）合理拼接，在考虑充分利用面料的同时，挂面、领里、腰头、袋布等部件的裁剪通常可采用拼接的方法。例如，领里部分可以多次拼接，挂面部分也可以拼接，但是不要拼在最上面的一粒钮扣的上部或最下面一粒钮扣的下面，否则会有损美观。（3）图案的对接，在排有图案的面料时，一定要进行计算和试排料来求得正确的图案之吻合，使排料附合专业要求。（4）按设计要求使板的丝缕与面料的丝缕保持一致，如图5-5所示。

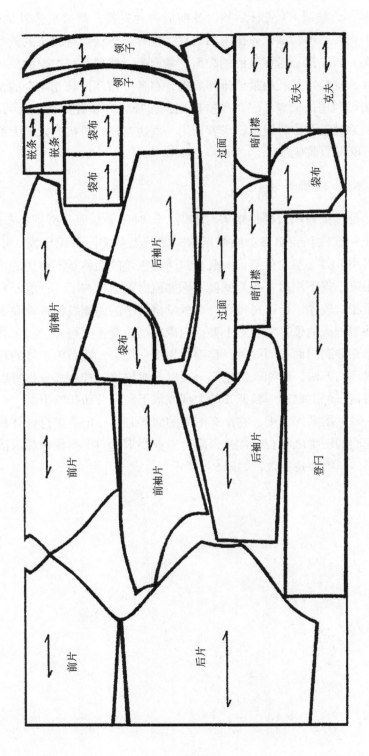

图 5-5　丝缕一致排板示意图

5.2 排板实例图示

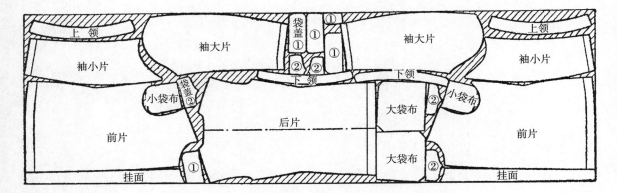

图 5-6　中山装排板示意图

门幅：77 cm　　算料公式：（衣长＋袖长）×2-10 cm ＝ 252 cm
规格：衣长 72 cm　　胸围 107 cm　　袖长 59 cm
说明：胸围超过 109，每大 3.5 cm 另加布料 7 cm

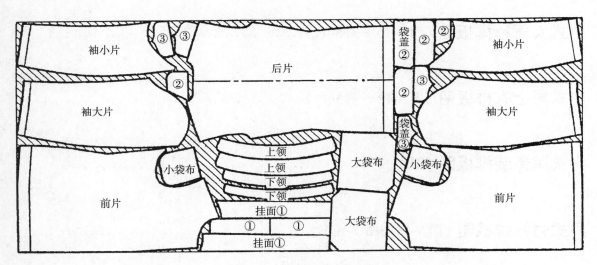

图 5-7　中山装排板示意图

门幅：90 cm　　规格：衣长 72 cm　　胸围 107 cm　　袖长 59 cm
算料公式：衣长 ×2＋袖长＋ 10 cm ＝ 213 cm
说明：胸围超过 109 cm，每大 3.5 cm 另加布料 5 cm

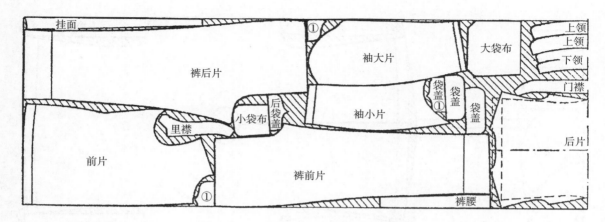

图 5-8　中山装（连裤）排板示意图一

门幅：77 cm　　规格：衣长 72 cm　　胸围 107 cm　　袖长 59 cm　　裤长 103 cm　　臀围 107 cm　　脚口 23 cm

算料公式：（衣长＋袖长＋裤长）×2−17 cm ＝ 451 cm

说明：109 cm，每大 3.5 cm 另加布料 7 cm；臀围超过 109 cm，每大 3.5 cm 另加布料 7 cm

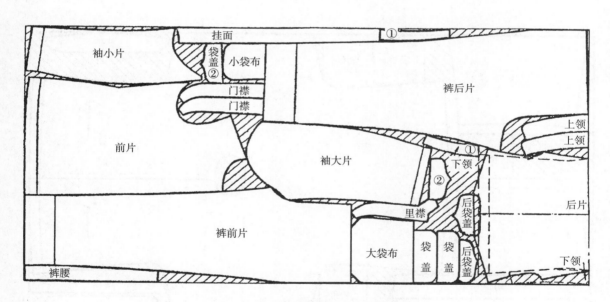

图 5-9　中山装（连裤）排板示意图二

门幅：90 cm　　规格：衣长 72 cm　　胸围 107 cm　　袖长 59 cm　　裤长 103 cm　　臀围 107 cm　　脚口 23 cm

算料公式：（衣长＋裤长）×2 ＋ 37 cm ＝ 387 cm

说明：109 cm，每大 3.5 cm 另加 5 cm 布料；臀围超过 109 cm，每大 3.5 cm 另加 5 cm 布料

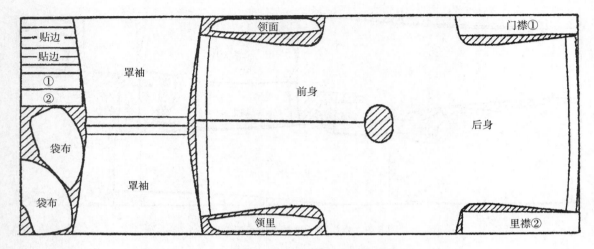

图 5-10　中式女罩衫排板示意图一

（门幅：77 cm）

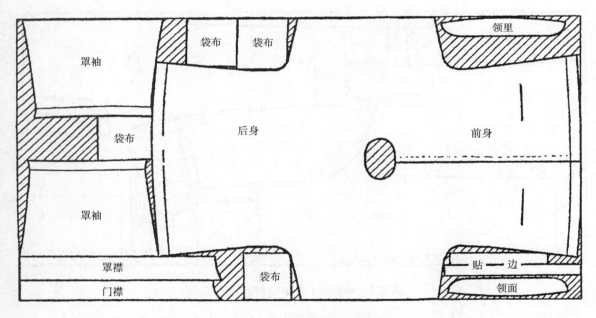

图 5-11　中式女罩衫排板示意图二

（门幅：90 cm）

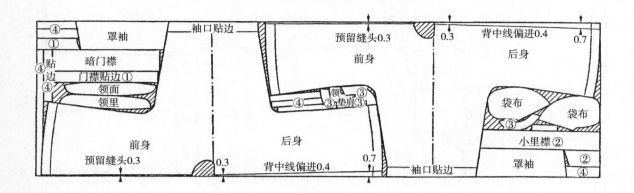

图 5-12　中式男上衣排板示意图一
（门幅：77 cm）

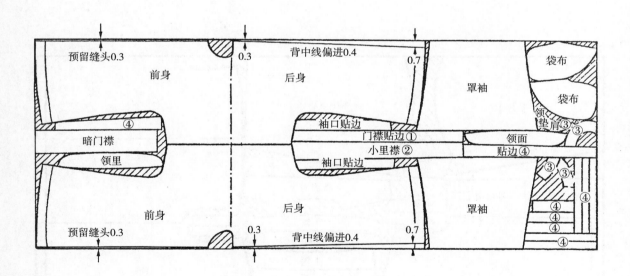

图 5-13　中式男上衣排板示意图二
（门幅：90 cm）

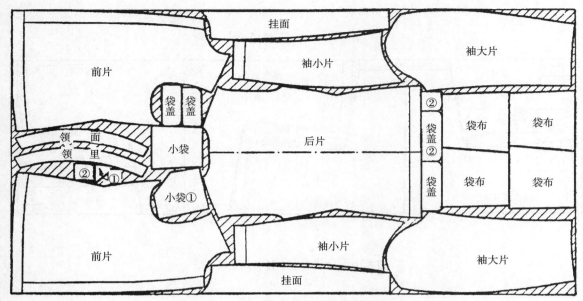

图 5-14　女式军便装排板示意图
（门幅：90 cm）

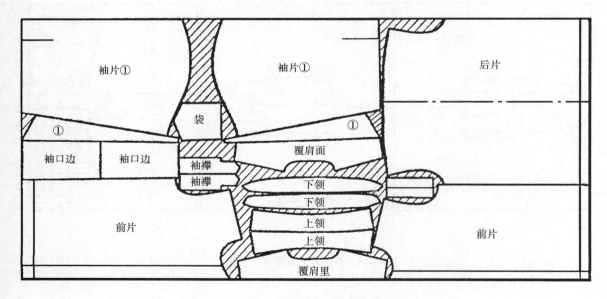

图 5-15　男式长袖衬衫排板示意图
（门幅：90 cm）

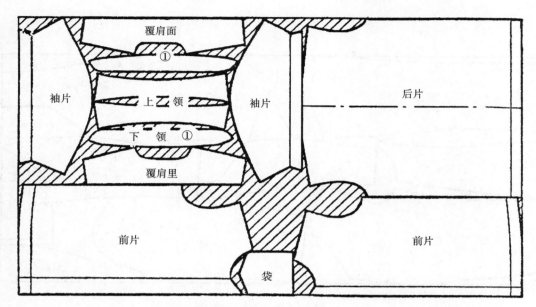

图 5-16 男式短袖衬衫排板示意图
（门幅：90 cm）

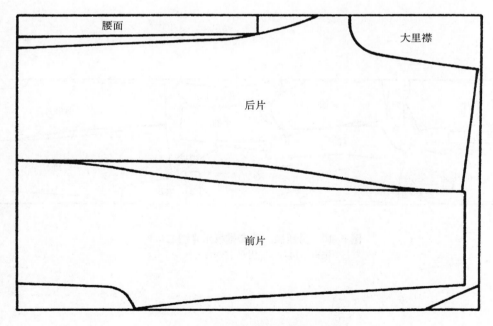

图 5-17 男西服三件套排板示意图一
（幅宽：72×2 用料：110 cm）

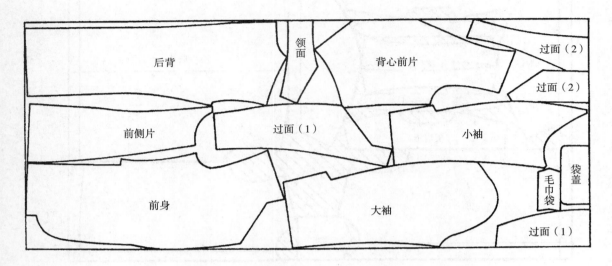

图 5-18　男西服三件套排板示意图一

（幅宽：72×2　用料：185 cm　男西服三件套用料 185＋110＝295 cm）

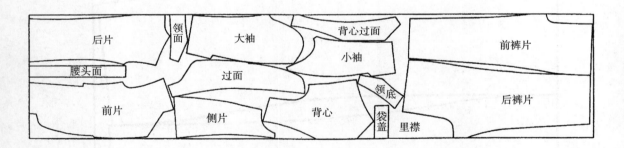

图 5-19　男西服三件套排板示意图二

（幅宽：144 cm　用料：330 cm）

5.3 服装用料计算

在实际加工生产中，分为针织和梭织服装用料计算。本书中我们主要讨论梭织物常用服装用料计算。常用算料方法有如下几种：

1）经验性判定

主要用于个体经营业户，根据经验给出服装单件的大体需用量。

2）公式计算

服装单件加工，用长度公式加上一个调节量获得。例如：90 cm门幅宽的面料，衬衣的单耗量为：身长＋袖长＋调节系数。常用公式见后表5-3～表5-5。

3）根据成衣尺寸计算

又称"面积计算法"，在外贸服装加工企业或公司，客户提供成品样衣给生产商，让您计算出服装的面料单耗量，我们可以估算出中间规格服装毛片的面积，把每片相加后得出一件服装总的面积，除以面料门幅宽度，得出服装的单耗量，注意要追加一定数量的额外损耗。

4）规格计算法

顾名思义，根据成品规格表中的中间号或大小号均码的规格尺寸，加上成品需用缝份量，计算出单件服装的面积，再除以门幅宽得出单耗量，同样追加一定数量的额外损耗。服装单耗的规格计算法可以归总出一个常用公式：（上衣的身长＋缝份或捆边）×（胸围＋缝份）＋（袖长＋缝份或袖口捆边）×袖肥×4＋服装部件面积。

注意：整件服装成衣辅料用料=成品各零部件耗用坯布面积总和（包括裁耗）；排料完成时需注意分段计算的原则，在不同门幅上分开排料的，必须分开计算用料面积，然后相加得出总用料面积或重量。

男女裤子算料（表5-3）

表5-3　男女裤子算料表　　　　　　单位：cm

门幅	男 长 裤	男 短 裤	说 明	女 裤	说 明
77 cm	卷脚 （裤长+10 cm)×2 平脚 （裤长+5 cm)×2	（裤长+12 cm) ×2	臀围超过117 cm时，每大3.5 cm需另加料6.5 cm	（裤长 +3.5 cm)× 2	臀围超过120 cm时，每大3.5 cm需另加料6.5 cm
90 cm	（裤长×2)+3 cm	裤长×2	臀围超过117 cm时，每大3.5 cm需另加料6.5 cm	（裤长 ×2)+ 3 cm	臀围超过120 cm时，每大3.5 cm需另加料6.5 cm
114 cm（双幅）	裤长+10 cm	裤长+11.5 cm	臀围超过112 cm时，每大3.5 cm需另加料3.5 cm	裤长+3.5 cm	臀围超过117 cm时，每大3.5 cm需另加料3.5 cm

男上衣算料（表5-4）

表5-4　男上衣算料表　　　　　　　单位：cm

门幅	衣名	算料公式	说明
77 cm	中山装	（衣长＋袖长）×2－10 cm	胸围超过109 cm,每大3.5 cm另加7 cm布料
77 cm	中山装套装	（衣长＋袖长＋裤长）×2－17 cm	胸围超过109 cm,每大3.5 cm另加7 cm布料 臀围超过109 cm,每大3.5 cm另加7 cm布料
77 cm	两用衫	（衣长＋袖长）×2－14 cm	胸围超过109 cm,每大3.5 cm另加7 cm布料
77 cm	连帽风衣	衣长×4＋24 cm	胸围超过127 cm,每大3.5 cm另加10 cm布料; 不做帽子减料27 cm
77 cm	棉军大衣	衣长×4＋47 cm	胸围超过130 cm,每大3.5 cm另加14 cm布料
90 cm	长袖衬衫	衣长＋袖长×2	胸围超过109 cm,每大3.5 cm另加7 cm布料
90 cm	短袖衬衫	衣长×2＋袖长－6 cm	胸围超过109 cm,每大3.5 cm另加7 cm布料
90 cm	西装	衣长×2＋袖长＋20 cm	胸围超过109 cm,每大3.5 cm另加7 cm布料
114 cm	长袖衬衫	衣长×2＋20 cm	胸围超过109 cm,每大3.5 cm另加4 cm布料
114 cm	短袖衬衫	衣长×2	胸围超过109 cm,每大3.5 cm另加4 cm布料
114 cm	中山装	衣长×2＋23 cm	胸围超过109 cm,每大3.5 cm另加5 cm布料
114 cm	西装	衣长＋袖长＋12 cm	胸围超过109 cm,每大3.5 cm另加5 cm布料
144 cm（双幅）	中山装两用衫	衣长＋袖长＋5 cm	胸围超过109 cm,每大3.5 cm另加4 cm布料
144 cm	短大衣	衣长＋袖长＋30 cm	胸围超过120 cm,每大3.5 cm另加10 cm布料
144 cm	长大衣	衣长×2＋6 cm	胸围超过120 cm,每大3.5 cm另加5 cm布料
144 cm	西装	衣长＋袖长＋3 cm	胸围超过109 cm,每大3.5 cm另加4 cm布料

女上衣算料（表5-5）••

表 5-5　女上衣算料表　　　　　　　　　　单位：cm

门幅	衣名	算料公式	说明
77 cm	两用衫	衣长×2＋袖长＋30 cm	胸围超过 100 cm，每大 3.5 cm 另加 7 cm 布料
77 cm	学生装 军便装	衣长×2＋袖长＋33 cm	胸围超过 100 cm，每大 3.5 cm 另加 7 cm 布料
	连帽风衣	衣长×3＋袖长×2－13 cm	胸围超过 120 cm，每大 3.5 cm 另加 10 cm 布料； 不做帽减 27 cm
90 cm	长袖衬衫	衣长＋袖长×2－6 cm	胸围超过 97 cm，每大 3.5 cm 另加 4 cm 布料
	短袖衬衫	衣长×2	胸围超过 94 cm，每大 3.5 cm 另加 4 cm 布料
	连衣裙	连衣裙×2.5	一般款式
114 cm	长袖衬衫	衣长×2＋6 cm	胸围超过 100 cm，每大 3.5 cm 另加 4 cm 布料
	连衣裙	连衣裙×2	一般款式
	西装 两用衫	衣长＋袖长＋6 cm	胸围超过 100 cm，每大 3.5 cm 另加 4 cm 布料
144 （双幅）	西装 两用衫	衣长＋袖长＋6 cm	胸围超过 100 cm，每大 3.5 cm 另加 4 cm 布料
	连衣裙	衣长×2	一般款式
	短大衣	衣长＋袖长＋6 cm	胸围超过 100 cm，每大 3.5 cm 另加 4 cm 布料
	长大衣	衣长＋袖长＋12 cm	胸围超过 100 cm，每大 3.5 cm 另加 4 cm 布料

6

计算机在服装工业中的应用

现代工业的兴起使服装业日趋壮大，随之形成了大批量的工业化生产方式，成衣业的规模发展呈现前所未有之势。服装的系列化、标准化和商业化，使人们对服装有了更高的要求，不仅注重服装的舒适美观，更讲究服装的独特风格，由服装来体现现代人的不俗个性。时装化、个性化的着装趋势使服装的流行周期越来越短，款式变化越来越快。多品种、小批量、短周期、变化快已成为服装生产的新特点。为了适应服装业的发展，20 世纪 70 年代，CAD 被引入了服装行业，改革了服装行业传统手工的生产方式，并以惊人的速度发展，为服装业带来了可喜的效益和高效率的运作。

随着计算机技术的发展，计算机技术的应用正在渗透到服装行业的各个环节和各个部门中，包括面料设计、服装款式设计、结构设计、工艺设计以及服装制作流水线上电脑控制的自动算料、自动排板、自动裁料、自动吊挂传输系统、自动量体、企业的管理信息、市场的促销和人才的培养等。

现在，我国服装企业广泛使用计算机这一科技手段为之带来高效的生产成果。服装 CAD/CAM 技术的开发与应用，不仅改变了传统的设计与制作方法，而且在设计速度、精度、正确率、画面制图质量以及其修正方面都具有独特的优点。计算机的应用的确给服装业带来了一场深刻的变革。

6.1 服装 CAD / CAM 技术应用的概况

服装 CAD / CAM 系统

　　计算机在服装行业中的应用，一般包括计算机辅助管理（MIS）、计算机辅助设计（CAD）、计算机辅助制造（CAM）等。

　　服装CAD系统（Computer Aided Design），又名计算机辅助设计系统。它是一项综合性的现代化高新技术，CAD系统由软件和硬件构成。随着计算机技术的高速发展，目前服装CAD系统专业软件有面料设计系统（Material Design System）、款式设计系统（Fashion Design System）、结构设计系统（Pattern Design System）、服装推板（放码）系统（Grading System）、排料系统（Marking System）、计算机辅助服装工艺设计系统（Computer-Aided Garment Process Planning System）、自动量体系统（Human Body Measuring System）、试衣系统（Fitting Design System）等。系统的硬件配置由三部分构成：（1）工作站或微机；（2）输入设备：键盘、鼠标或光笔、数字化仪、扫描仪、数码相机、摄影机等；（3）输出设备：激光打印机、平板式或滚筒式绘图仪、大型裁床系统用具等。

　　服装CAM系统（Computer Aided Manufacture System），又名计算机辅助制造系统，指计算机在服装制造方面各种应用的总称。广义的服装CAM指利用计算机辅助技术进行从服装衣料到成品的直接或间接的服装制造活动。其中包括服装生产的工艺设计、生产作业计划、物料作业计划的运行与控制、生产控制、质量控制等。狭义的服装CAM是指计算机辅助服装裁剪系统、自动缝纫系统和服装柔性加工系统等。在服装企业中，由于计算机控制的自动裁床以及辅助的拉布机、验布机等，使衣片裁剪工序实现了高度自动化，这些不仅提高了裁片的质量，减少了误裁、漏裁、多裁所造成的损失，同时也成倍地提高了生产工效。

服装 CAD / CAM 技术应用现状

服装CAD/CAM技术产生于20世纪60年代末、70年代初，至今已有四十多年的历史。在这四十多年中，尤其是近十年来得到了迅速的提高和广泛的应用。服装 CAD 技术是由美国首先研制开发的，并率先推出商品化的服装CAD系统。随后法国、英国、瑞士、西班牙、日本、德国、意大利等国也相继研制开发了各自的服装CAD系统。GERBER公司、法国的LEC–TRA公司和西班牙的INVESTRANIC公司已有二十多年的开发和生产经验，其产品是众多服装CAD/CAM系统中的著名品牌。

我国的服装企业从20世纪80年代开始引进服装CAD技术，并在引进消化的基础上研制开发了我国自己的服装CAD系统，其中一部分很快实现了商业化。现在我国已有众多的服装生产企业、教学单位正在使用各种品牌的服装CAD/CAM系统，其中法国的LECTRA系统和西班牙的INVES–TRANIC系统较受欢迎。他们均是专门从事设计、生产CAD/CAM系统的公司，其产品硬件设备先进、软件界面友好、可操作性强，是著名的服装CAD/CAM产品。但其价格比较高，其对使用者的技术素质要求较高，适合大型的具有现代化生产设备的服装企业使用。另外与国内服装企业的设计、生产的具体状况和工作习惯不太吻合。

虽然不同的品牌都各自具有特点，但它们的功能基本相同。一般由设计系统、打板系统、推板系统、排板系统、生产管理系统等多功能软件系统和与之配套的硬件设备组成，并实现了网络上不同工作站之间的数据及其他设备资源的共享。

设计系统是互动式作业的创意型绘图桌，用可模拟麦克笔及粉蜡笔笔触的电子笔在屏幕上根据自己的想法进行创意设计，在动手操作的同时，电脑可以同步显示设计师的设计作品，包括设计步骤和最终效果；利用创作及模拟功能可对款式设计、变换和测试作出回应。推板和排板系统具有制作样板、修改样板，依据所选尺寸表放码推板，自动或交换式排板及对条对格的功能。生产管理系统具有资料管理，拉布、剪裁和贴标工序管理的功能等。与之相配套的硬件设备有荧屏绘图器、图形扫描仪、大型高速绘图机、样板切割机、活动平台式拉布机及自动裁剪设备等。

6.2 常用服装 CAD / CAM 系统介绍

博克（BOKE）智能服装 CAD 系统

博克（BOKE）智能服装CAD系统是科研人员开发的新一代智能型服装CAD系统，也是目前智能化程度较高的服装CAD系统，如图6-1所示。作为全球较先进的服装CAD系统，其具有如下特色：

① 无需选择复杂工具，独创的智能模式可以使用鼠标完成绝大部分操作。

② 先进的智能自动放码使放码时间缩短为零，提升了效率。

③ 具备联动修改、数字化记忆等功能。

④ 自动设计功能快速自动生成需要的纸样，节省更多时间。

⑤ 具有先进的文件加密方式。

⑥ 具有先进的自动保存功能。

⑦ 售后服务良好和有快速持续的升级。

⑧ 提供在线支持，可以下载注册版软件和新款纸样在线学习，还可以进入博克人才中心寻找需要的技术人才。

⑨ 性价比好。

日升（NAC2000）服装 CAD 系统

日升（NAC2000）服装CAD系统，有着丰富的打样工具，模拟手工打板方式，快速完成板型设计中的多种省处理、褶处理功能；提供50余种制版符号；具有多种直观的检查测量功能，可测量样板细部尺寸。该系统提供了含日本knit、文化式、登丽美原型等同类工具制作工艺图表及平面款式图，使用起来方便、快捷，操作灵活。系统还具有灵活的放码方式：点放码、切开线放码、点线结合放码、度身推板、多个样板同时放码等，大大提高了服装生产企业的生产效益，满足了工艺师的不同要求。此外，该系统也具备智能化的排料系统：自动排料、手工排料、人机交互式排料等，操作起来方便快捷，能显示所有待排布片，自由拿取，可根据需要设置布片的重叠、间隔等（图6-2）。

图 6-1 博克（BOKE）智能服装 CAD 系统

图 6-2 日升（NAC2000）服装 CAD 系统

富怡服装 CAD 系统 ···

　　富怡服装CAD系统是一款用于服装行业的专用出版、放码及排版的软件，它可以在计算机上出版、放码，也能将手工纸样通过数码相机或数字化仪读入计算机，之后再进行改版、放码、排版及绘图，也能读入手工放好码的纸样（图6-3）。富怡服装CAD系统的优势如下：

　　① 支持多种制版方式，具有高度互动修改功能，支持可变式工业模板，既可修改版型，又可随时修改部位尺寸，或者加减号型。

　　② 支持国际上的格式转换（ASTM/AAMA/TIIP/AutoCAD/DXF）。

　　③ 对于断电、死机，系统提供安全恢复功能，使文件不会丢失。

　　④ 独有的软件说明和视频，在使用过程中可随时查看工具操作方法。

　　⑤ 可自由组合工具，操作过程更加简洁、智能化。

　　⑥ 独特的识别放码方向，让放码人员使用起来得心应手，提高了工作效率。

　　⑦ 修改时具有"影子"功能，可以互相比较对照。

　　⑧ 独特的文字、布纹线放码功能，尤其方便内衣、童装用户。

图 6-3　富怡服装 CAD 系统

6.3 服装 CAD 系统的功能

服装款式设计 CAD 系统

        服装设计师在设计新的服装款式时需要考虑多种因素，如流行款式、流行色、流行面料、流行图案、民族风俗、民族习惯、地缘因素、气候条件等。服装款式设计 CAD 系统在计算机内建立了各类素材库，这样可以供设计者随时调用，如大量的服装款式、色彩、图案等信息。这样就拓宽了服装设计师的思想领域，激发了想象力和创作灵感，使其能快速构思出新颖的服装款式及服装色彩。

服装结构设计 CAD 系统

        服装结构设计是从立体到平面、从平面到立体转变的关键所在。服装结构设计的目的是将服装设计师的服装款式效果图展开成平面图，为缝制成完整的服装进行的必要工作程序。款式图展开成平面图可根据多种结构设计原理，如实用原型法、日式原型法、比例分配法、基样法、立体法等。要综合分析选择其中一种为计算机实现的造型法。

        服装结构设计 CAD 系统又称服装打板 CAD 系统或服装制板 CAD 系统。一般包括图形的输入、图形的绘制、图形的编辑、图形的专业处理、文件的处理和图形的输出等。

1. 图形的输入

图形的输入可利用键盘、鼠标器输入或利用数字化仪输入等。

2. 图形的绘制

图形的绘制就是利用计算机系统所提供的绘图工具，通过键盘或鼠标器进行服装衣片的设计过程。图形的绘制功能是服装结构设计CAD系统的基本功能。

3. 图形的编辑

图形的编辑即图形的修改，是对已有的图形进行修改、复制、移动或删除等操作。通过图形编辑命令，可以对已有的图形按照用户的要求进行修改和处理，从而提高设计的速度。图形编辑命令应包括图形元素的删除、复制、移动、转换、缩放、断开、长度调整和拉伸等。

4. 图形的专业处理

图形的专业处理是指对服装行业的特殊图形和特殊符号等进行处理。如扣眼儿处理、对刀标记、缝合检查和部件制作等。利用该项功能，系统将为服装设计人员提供尽可能方便地绘制服装行业特殊图形和符号的方法。只要输入基本图形后，通过系统的专业处理功能，就可以直接获得服装衣片样板的最终图形。

5. 文件处理

系统的文件处理功能除包括新建文件、打开原有文件、文件存盘和退出打板模块等基本功能外，一般还具有其他的一些辅助功能，例如，为了参照已有的图形而作出新的图形，则应具有能同时打开一个或几个的功能，以便在绘图时作为参考，并且还应具有从一个文件中传送图形或数据到另一个文件夹中的功能。

6. 图形的输出

图形的输出包括使用绘图机输出和打印机输出。一般来讲，对于衣片图最终的输出应是使用绘图机按1∶1的比例输出；而对于排料图则可以使用打印机按一定缩小的比例输出。

服装工艺设计 CAD 系统 ··

服装工艺设计CAD系统的主要内容有推板（放码）和排料两部分。

1. 推板（放码）

推板就是以某个标准样板为基准（将其视为母板），然后根据一定的规则对其进行放大或缩小，从而派生出同款而不同号型的系列样板来，由此来满足不同体型人的需要。计算机放码有它独特的优点。

服装工艺设计CAD系统中所使用的基础衣片，一般是由输入模块通过数字化仪或键盘输入的。在该系统中，通过文件操作打开基础衣片文件，再输入推板放码的要求和限制，这样即可由系统生成所需要规格号型的衣片图。

衣片的推板方法可以选择，但现在我们常用的有两种方法，即增量法和公式法。

1）增量推板法

增量推板法也称为位移量登记法。每个衣片都有一些关键点，这些点决定着衣服的尺寸和式样，这些点称为推板点。推板时可以根据经验给每个推板点以放大或缩小的增量，即x坐标和y坐标的变化值。当给出全部放码点的增量时，这些新产生的点就构成了新衣片图的关键点，再经曲线拟合，就可以生成新号型的衣片图了。

2）公式推板法

对于衣片图上的所有关键点，一般可以用衣服基本尺寸的公式表示其坐标值。因此，采用这种方法推板时，只需重新输入衣服的基本尺寸，由系统重新计算衣片的各关键点坐标值，再把各点连线或曲线拟合产生新的衣片图。该方法可以根据衣服基本尺寸的变化精确计算出各关键点的坐标值，其推板精度是由衣片关键点的坐标值与衣服基本尺寸的关系公式所决定的。因此，探讨衣片关键点的坐标值与衣服基本尺寸的关系公式就成了该方法的关键。对于时装而言，这样的公式往往不易求得，因此该方法的使用也就受到了一定的限制。

2. 排料（排板）

排料就是在给定布幅宽度的布料上合理摆放所有要裁剪的衣片。衣片摆放时需根据衣片的纱向（丝缕）或布料的种类，以及对衣片的摆放时的某些限制，如衣片是否允许翻转或对条格等。

人工排料和计算机排料各有特点。计算机排料是用数学的计算方法，利用计算机运算速度快、数据处理能力强的特点，可以很快地完成排料的工作，并可以提高布料的利用率。计算机排料的方法一般有交互式排料和自动排料两种方法。

1）交互式排料

交互式排料是操作者先把要排料的已经放过码和加缝边的所有衣片显示在计算机的显示器上，再通过键盘或鼠标器使光标选取要排料的衣片，被选取的衣片就会随光标的移动而移动。根据排料的限制，可对衣片进行翻转和旋转等操作。当要排定某一个衣片时，只要把该衣片往排料图的某一个位置上放置，该衣片就会由系统自动计算出其适当的摆放位置。每排定一个衣片，系统就会及时报告已排定的衣片数、待排衣片数、用料长度和布料利用率等信息。

2）自动排料

自动排料是系统按照预先设置的数学计算方法和事先确定的方式自动地旋转衣片。按照这种方法进行的排料，每排一次将得出不同的排料结果。由于计算机运算速度快，所以排一次料所用的时间很短，这样就可以多排几次，从中选出比较好的排料结果。但目前自动排料的面料利用率不如交互式排料的面料利用率高，因此，在使用自动排料功能时，可以结合使用交互式排料的方法，使其布料的利用率进一步提高。

服装 CAM 系统的功能

服装CAM系统的功能是与服装CAD系统相匹配的，根据服装CAD系统的排料结果，服装CAM系统指挥自动铺料、裁料系统进行工作，并统一协调和管理后续生产工序；服装CAM系统能够对技术资料进行分类管理，信息量大，调用方便；CAM系统还具有经济成本核算功能。

服装 CAD 系统制板功能存在问题的分析

现在使用的服装CAD系统，其结构设计功能中，样片的输入需要在人工设计原始样片的基础上进行。而原始样片的设计是纸样设计的主要内容，也是难度最大、对结构设计者的技术素质要求最高的部分，需要从事结构设计的专业人员来完成；样片的输入过程是非常繁琐的，同时很容易出错，这些都需要专业人员来完成。所以，基础纸样不能自动生成的问题是服装 CAD 系统的结构设计功能中存在的不足之处。

原始样片的自动生成问题的解决涉及到如何实现服装样片 3D 到 2D 转换，这是目前三维服装 CAD 系统最困难的技术问题之一。一般情况下，三维服装曲面是不可展曲面，再考虑到服装的皱折、服装面料的悬垂性，在制作服装时，往往还要利用面料的湿热变形特性，对服装进行热湿定形，使其与人体曲面的形状更加吻合。在这种情况下，服装的 3D 到 2D 的转换十分困难。三维服装转换成二维样片，一般应满足某些基本要求：即转换前后，三维服装与二维样片的面积应近似相等；三维服装与二维样片的边界曲线长度应基本一致；三维服装上的结构点位置应与二维衣片上的结构点位置相互对应。

在美国、瑞士、日本、法国等国家，专家们已开始对三维人体外形及运动效应进行严格的理论分析和研究，为应用计算机图形学和计算几何中的最新成果，解决服装 CAD 中的 2D 到 3D 的可逆转互换提供理论依据。目前服装 CAD 中的三维服装设计还处于探索阶段，三维服装与二维样片的可逆转换问题，它是服装 CAD 技术当今研究的重要课题之一。

6.4 服装 CAD 技术的发展趋势

从 CAD 系统发展到 CAMS 系统

随着国际服装业向更新、更快、批量小、款式多、时装化以及多方面高质量的发展，为了在服装市场获得优势，服装生产的全面自动化已成为当今服装业的发展趋势。计算机集成制造系统是 CAD 系统向前发展的主要方向。

由于市场竞争机制的作用，要求企业的产品更新换代快才能适应市场潮流的需要，这就是要有先进的设计、制造和管理手段，迅速应变的能力，因而迫切需要有一种强有力的支撑环境——计算机集成制造系统（Computer Intergrated Manufaturing System，简称CIMS）。CIMS是一个综合多学科的新领域，是在信息技术、计算机技术、自动化技术和现代管理科学的基础上，将设计、制造、管理、工场经营活动所需的各种自动化系统，通过新的管理模式、工艺理论和计算机网络有机地集成起来，从而使产品从设计、加工、管理到投放市场所需的工作量降到最低限度。

发展智能化的服装 CAD 系统

随着人工智能技术的发展，知识工程、专家系统等逐渐应用到服装CAD系统中。在服装CAD系统中，可吸收优秀服装设计师和排料师的经验，构成自动样片设计、自动排料系统。利用人工智能技术，可以帮助服装设计师构思和设计新颖的服装款式，并完成从款式到服装样片设计的专家系统。智能化是服装CAD系统的发展方向之一。

从平面设计到立体设计

由于服装的质量和合体性已成为服装市场竞争的主要内容之一，这样使专家们对服装的研究走向更科学化和个性化。专家们开始对三维人体外形及运动效应进行严格的理论分析和研究，如何应用交互式计算机图形学和计算几何中的最新技术成果，建立三维动态的服装模型，解决服装设计中二维到三维、三维到二维的转换，是当今服装CAD系统的发展方向之一。

自动量体和试衣系统

随着服装生产方式从大批量生产向小批量、多品种以至于单件生产的方向发展，服装的供销方式也将发生改变。顾客从按号型规格选购到针对自己的身材体型量体订做。西班牙的Investronica公司研制的Tailoring系统，从顾客选定款式、面料、对顾客进行人体尺寸测量，经过自动样片设计、放样、排料、自动单件裁片机、单元生产系统，到高速度高质量地完成顾客所需的服装制作，这是一个高自动化的面向顾客的服装制作系统。该系统可以在几分钟内不经接触地测量人体的外形数据。相对于传统的手工测量，它有着自己的优点，既全面又快速。随着对服装合体性要求的不断提高，这种面向顾客的量体裁衣系统将会受到越来越广泛的重视。

研制用户界面友好的管理系统

服装CAD系统大多是人机交换为主的应用系统，而且其操作和使用人员多是非计算机专业的服装设计师，因此系统应具有易学、操作方便的用户界面。20世纪80年代中期推出的服装CAD系统已普遍采用菜单式的用户界面，近几年来已向多窗口、使用图形菜单的方向发展，今后将向采用多媒体的用户界面发展。因此，开发先进的、友好的、适合多媒体的用户界面管理系统十分重要。计算机排料、制图及结构设计操作见图6-4～图6-6。

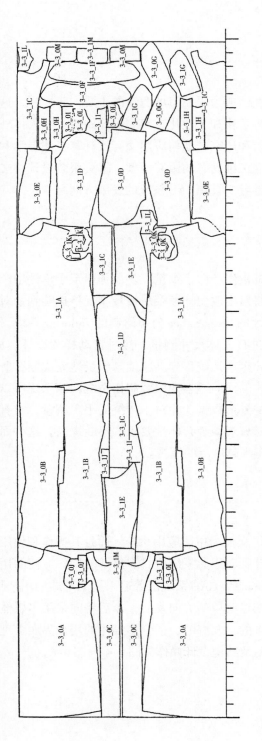

工作款式＝ZHIJIANG

利用率＝86.91%，布幅＝1 420 mm，料＝498.0 cm，比例＝1：20.0，件数＝2，已(末)排＝52(0)

面料特性；排料要求；摊布要求；排料；审核

款式＝ZHIJIANG，排料＝ZJ1,1999.6.30

A. 前片　B. 后片　C. 挂片　D. 大袖片　E. 小袖片　F. 领面　G. 领里
H. 腰带面　I. 耳朵皮　J. 嵌条　K. 腰半皮　L. 腰半里　M. 袋盖面

	前身长	胸围	腰围	下摆	袖长	袖口	后身长	肩宽	后开叉长	领围	头眼位	末眼位
3-3	115	125	115	160	64	18	111	50.6	38	50	25	58

图 6-4　计算机排料示意图

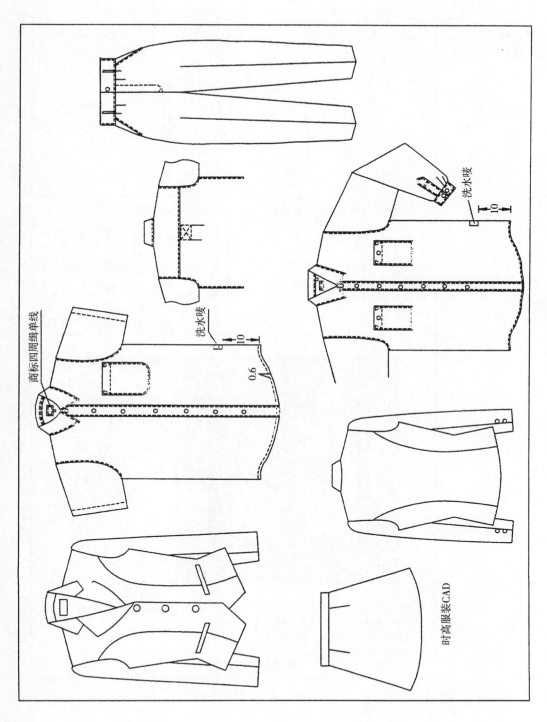

商标四周缉单线

洗水唛

0.6

洗水唛

时高服装CAD

图 6-5 计算机制图示意图

**图 6-6
计算机结构设计
操作个图示意图**

西装领	自动做成西服领
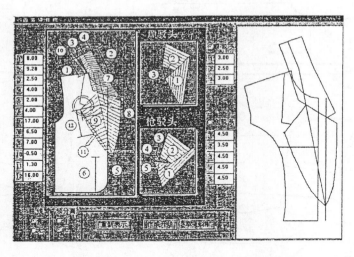	
>> 指示前肩线的颈肩点：［要素］ 　　▽1 >> 指示前中心线：［要素］ 　　▽2 >> 指示前下摆位置：［要素］ 　　▽3 >> 指示后颈窝点：［要素］ 　　▽4	指示前肩线的颈肩点 指示前中心线 指示前中心线的下摆位置 指示后领口弧线 ※ 指示完成后，自动弹出如下对话框

※ 可根据需要，重新输入各部位的尺寸来修改领子，输入完后按"重新表示"键，
　画面就显示出修改后的领子结构图。
※ 可任意选取"顺驳头"或"枪驳头"。
※ 领分离是指领子与驳头分开。
※ 曲线是指领子的外口线、翻领线、领口线。

7

服装工业样板管理

7.1 工业样板的检验与封样

工业样板的检验

样板是在结构设计的基础上派生的规范板型。服装结构设计研究服装结构的内涵和服装各部件的相互组合关系，正是将造型设计的效果用平面的形式全面展开，并按一定的规则绘制完成服装结构纸样的设计过程。而工业样板是在精通服装结构设计的基础上专为成衣设计制定的实用结构纸样，它对成衣的穿着效果有着举足轻重的作用。工业样板设计的合理性和科学性还直接关系到穿着者的舒适程度和设计者对造型设计的正确理解。在日常生活中，我们都有这样的体会，同样一件上衣，造型款式和尺寸规格完全相同，但是，由于生产的厂家不同，穿着后的舒适感受完全不同，穿着效果也不一样，这主要取决于工业样板设计的合理性和科学性，即正确性。所以工业样板的检验是服装生产的一个重要环节，在管理上必须要有足够的重视，否则所生产的服装品质将会有问题。只有检验合格的工业样板在制成成品后才能符合"实用、美观"的原则，所以工业样板的检验要认真、规范、全面。

1. 母板的检验

样板简称板，是为制作成衣而制定的结构板型，广义上是指为制作服装而剪裁好的结构设计纸样。样板又分为净样板和毛样板，净样板是不包括缝分的样板，毛样板是包括缝分和其它小裁片在内的全套样板。

母板是指推板所用的标准样板，是根据款式要求进行正确的、剪好的结构设计纸板，所有的推板规格都要以母板为标准进行规范放缩。不进行推板的标准板不能叫母板，只能叫样板。

1）净板的检验

净板的检验主要是对样板结构设计内容的正确性进行复查。包括对一般常规服装款式的认同和板型结构设计要满足特别服装款式的结构需要。净板检验首先要求检验人员要具有良好的服装结构设计知识和一定的制板经验，否则检验不具有专业性，也就无法保证检验的有效性。例如女式牛仔裤前、后片中线（烫迹线）位子的正确设计，口袋大小与位置的确定，浪线的设计等。

① 毛板的要求与检验

首先要根据缝制设备来设计工业样板的缝分。缝分的大小不是固定不变的，由于具体缝制设备的不同所以对服装缝分会有具体的要求，例如一般单针工业平缝机缝制常规服装时所需的缝分是0.7～1 cm，双针工业平缝机缝制服装时所需的缝分是0.9～1.2 cm，埋夹机缝制服装时所需的缝分是1.1～1.4 cm等，所以要根据缝制设备的不同要求来检验毛板。

其次要检验毛板的完整性。成衣的毛板是生产所用的，也是生产过程的一个重要环节，它要求板数完整，不可遗漏任何一个板片，否则将会影响以母板为基准的系列样板的推板。板数不完整更会影响裁床排料的合理性与正确性，结果会降低生产效率并给企业造成浪费和损失。所以要依据款式的具体要求来检验毛板的完整性，板数不全，检验不得通过。

② 板型检验

所谓板型就是服装样板整体结构的平面造型（结构图可视之形）。服装的穿着效果直接与服装板型有关，好的板型成品后着装效果美观，人体与服装的关系适宜，穿着舒适感觉良好。而依据差的服装板型制作成服装成品后会使人穿着感觉不舒适，服装的外形效果也不美观，严重影响服装品质。

检验服装板型首先需要能正确理解板型，熟知板型的基本变化规则和板型与成品服装的因果关系。在具体检验时要先了解款式图（或样衣）对造型的特别要求，然后才可以进入检验程序的工作，否则板型的检验就不具有检验依据，如图7-1、图7-2两件完全相同号型而不同板型的男式西装上衣的比较。这两件上衣的板型在检验时就需要先认真审阅款式图，然后再检验板型与之对应款式的正确性。图7-1款式为瘦身型的男式西装上衣，该款式的瘦身特征要求其结构板型必须要能制作出符合该款式图中的款式来；图7-2款式为直筒型的男式西装上衣，同样，该款式的直筒特征要求其结构板型也必须要能制作出符合该直筒款式图中的款式来，切不可使图7-1瘦身男式西服上衣与图7-2直筒男式西服上衣的板型混淆，因为这两组板型的区别实际上很大。所以说检验板型时要先审阅款式后再认真核对板型与款式的合理性。这里图7-1、图7-2只是举了一个例子，因为我们不可能将所有服装款式的造型、结构板型一一在此画出，而只能说明检验板型时需要注意的问题、检验板型的基本步骤、基本方法、基本要求等。

③ 板型数据检验

板型数据检验就是对样板的各部位结构数据进行正确的审核，包括结构数据设计的合理性与正确性，板片对应线的对等关系等。

首先，可以依"服装制板尺寸表"中的具体部位尺寸数值来进行实际测量检验，检验板型各部位的结构尺寸是否与"服装制板尺寸表"中的数据吻合，如图7-3所示。在检验中如果出现不吻合的现象，那么板型检验则不得通过。

具体检验方法以裤子板型为例，请看图7-3与其制板尺寸表：根据制板尺寸表内的数据来实际测量该板型的各部位相关数据。如，①ab+fg（减去省量）=1/2腰围=37 cm。②op+qr=1/2臀围=54 cm。③前浪线长aoc=32 cm-腰头宽3.5 cm=28.5 cm。④后浪线长hqf=43 cm-腰头宽3.5 cm=39.5 cm。⑤脚口de+ij=50 cm。⑥腰头宽st=uv=7 cm（缝制时对折），腰头长。⑦腰围us=74 cm。

④ 其它检验

除了以上的常规检验外还要注意对板型相关记号的检验，即对样板的定位标记，如刀口、锥眼以及纱向倒顺等标记都要进行检验，检验样板是否准确、齐全，包括做缝、折边、省道、袋位、钮位等。另外还要注意缝制设备对样板的特别要求等。

2）系列样板的检验

① 推板方法的检验。首先是服装整体推板方法的检验：服装推板的方法很多，但是无论采用哪种方法都必须要符合推板的基本原理。现以上衣前片为例来进行说明，如图7-4。当确定不动点A部位后，再来画出不同部位的校正线①、②、③、④、⑤、⑥、⑦，而后任何两条临近的校正线都应是向外呈放射状即喇叭形，如领口校正线①与领口校正线②、摆缝校正线④与摆缝校正线⑥、腰节校正线⑤与底边校正线④、底边校正线④与底边校正线③、肩斜线校正线⑦与校正线①等。另外同一校正线上的任何两点间的距离应是同等的，如线①上gh=hi、线②上pq=qr、线③上de=ef、线④上ab=bc、线⑤上vw=wx、线⑥上mn=no、线⑦上jk=kl等。

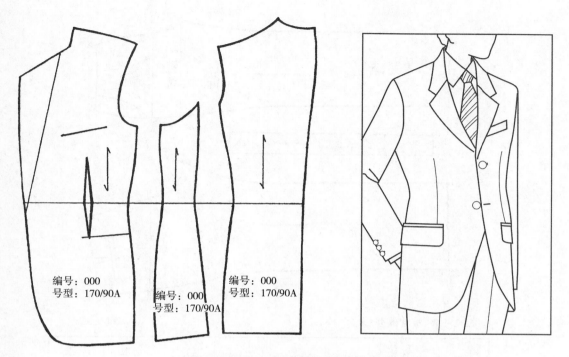

图 7-1　瘦身男式西装上衣板型的要求（净板）

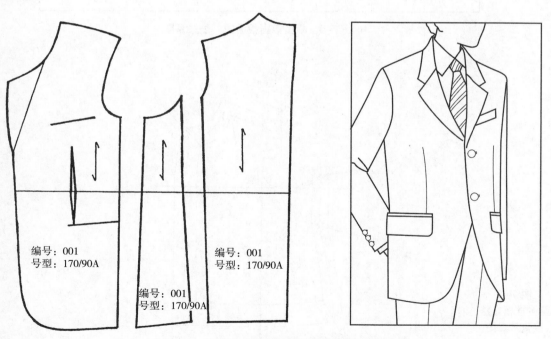

图 7-2　直筒男式西装上衣板型的要求（净板）

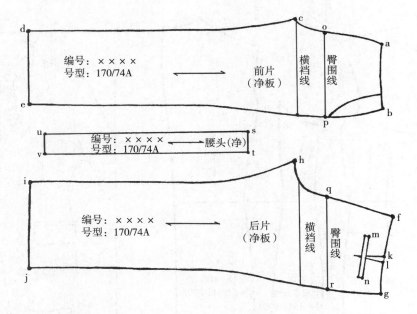

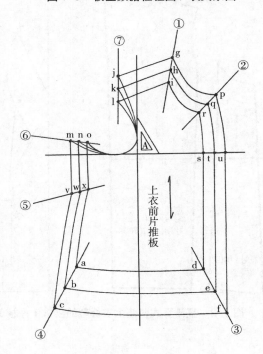

图 7-3　板型数据检验图、表关系图

制板尺寸表、板型编号：××××　　　　　　　　　　　　　　　　　　单位：cm

尺　寸　部　位 号　型	裤长	腰围	臀围	脚口	前浪 （含腰）	后浪 （含腰）
170/74A	103	74	108	25	32	43

**图 7-4
整体推板方法
检验示意图**

其次是服装局部推板方法的检验：由上我们知道了整体推板时任何两条临近的校正线都应是向外呈放射状即喇叭形，而服装局部推板时其校正线会出现平行关系，如图7-5所示。裤子长度不进行放缩而只放缩裤子的围度时，裤脚口校正线⑥与腰头校正线②是平行关系，当裤子整体推板时裤脚口校正线⑥与腰头校正线②是向外呈放射状即喇叭形，而不会出现平行关系，如图7-6所示。请认真对比图7-5裤子局部推板的校正线示意图与图7-6裤子整体推板的校正线示意图，正确理解校正线在检验系列样板中的作用，包括整体推板和局部推板。

② 推板结果的检验。推板结果检验的最直接、最简单的方法，就是依"服装规格系列设置表"内的数据为准进行实际测量各个板型的具体部位。当男式西裤系列样板检验时就要依据该裤子的规格系列所设置的具体数据来进行检验，如表7-1"男式西裤规格系列设置表"与图7-7所示，图7-7中每个板型的具体数据都要与"男式西裤规格系列设置表（表7-1）"内的数值吻合。

表 7-1　男式西裤规格系列设置表　　　　　　　　　单位：cm

比例　　号型　　部位	160/70	165/74	170/78	175/82	180/86	档差值
裤　长	97	99.5	102	104.5	107	2.5
腰　围	72	76	80	84	88	4
臀　围	101	105	109	113	117	4
立　档	28.4	29.2	30	30.8	31.6	0.8
脚　口	22.4	23.2	24	24.8	25.6	0.8
横　档	66	68	70	72	74	2
袋　口	14.5	15	15.5	16	16.5	0.5

3）板型检验相关表单格式（表7-2～表7-7）

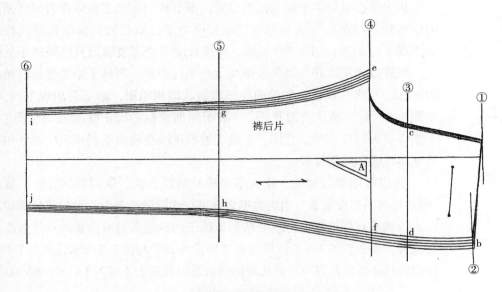

图 7-5　裤子局部推板的校正线示意图

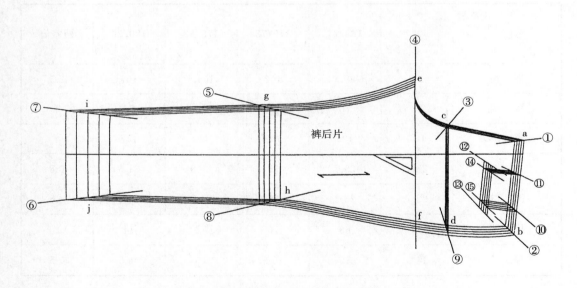

图 7-6　裤子整体推板的校正线示意图

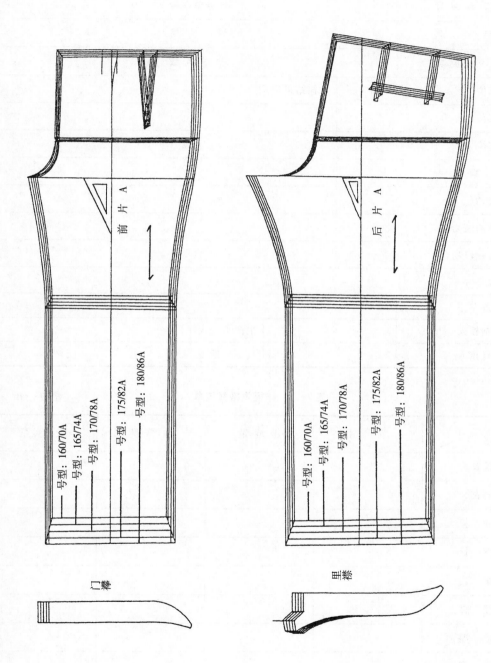

图 7-7　推板结果的检验示意图

前片 A

号型：160/70A
号型：165/74A
号型：170/78A
号型：175/82A
号型：180/86A

后片 A

号型：160/70A
号型：165/74A
号型：170/78A
号型：175/82A
号型：180/86A

门襟

里襟

表7-2 样板复核单 单位：cm

板 型 编 号		任务单序号	
品 名		规 格	
大 样 板 数		小 样 板 数	
复核部位	复核结果记录		
长度部位			
围度部位			
领型长、宽			
袖型长、宽			
衣袖与袖窿吻合			
衣领与领口吻合			
小样板复合			
备 注			
制板人		生产负责人	
复核人		日 期	

表7-3 样板规格复核单 单位：cm

项目 / 部位	净尺寸	做缝量	放缩量	设计差量
后衣长				
前衣长				
袖 长				
裤 长				
裙 长				
领 脚				
腰 围				
胸 围				

（续　表）

项　目 部　位	净 尺 寸	做 缝 量	放 缩 量	设计差量
臀　围				
下　摆				
袖　口				
袋　口				
肩　宽				
制板人		生产负责人		
复核人		日　　期		

表 7-4　接缝复核单　　　　　　　　　　单位：cm

项　目 部　位	接缝长度差量	设 计 差 量
前后侧缝		
前后肩缝		
前后袖缝		
前后裤缝		
前后裆缝		
袖 山 线		
袖 窿 线		
开 刀 线		

表 7-5　做缝与折边复核单　　　　　　　单位：cm

材　料 项　目	薄 织 物	中厚织物	厚 织 物	松 疏 料
劈　缝				
坐　缝				
来去缝				
明包缝				

（续 表）

材料　　项目	薄织物	中厚织物	厚织物	松疏料
暗包缝				
压 缝				
弯 缝				
边 缝				
下 摆				
袖 口				
裤脚口				
裙下摆				
口 袋				
开 衩				

表 7-6　标记复核单　　　　　　　　　　单位：cm

项目　　内容	对 位	定 位	对 丝	倒 顺
刀口：凹凸点 　　　接缝处 　　　省褶				
锥眼：口袋 　　　省尖 　　　扣位				
对丝：真丝 　　　横丝 　　　斜丝 　　　倒顺				

表 7-7　样板数量复核单　　　　　　　　单位：cm

类别　　名称	面 料	里 料	贴 边	配 布	衬 布
前衣片					
后衣片					

（续　表）

名　称 ＼ 类　别	面　料	里　料	贴　边	配　布	衬　布
前裤片					
后裤片					
前裙片					
后裙片					
领　子					
袖　子					
门　襟					
口袋布					
贴　边					
过　面					
前过肩					
后过肩					
带　襻					

封样

1. 对"样"的理解

打样就是缝制样衣，打样又叫封样。

传样：是指成衣工厂为保证大货（较大批量）生产的顺利进行，在大批量投产前，按正常流水工序先制作少量的服装成品（50 ~ 100件不等），其目的是检验大货的可操作性，包括工厂设备的合理使用、技术操作水平、布料和辅料的性能与处理方法、制作工艺的难易程度分析等。

驳样：是指"拷贝"某种服装款式。例如，（1）买一件衣服，然后以该款为标准进行纸样摹仿设计和实际做出酷似该款的成品。（2）从服装书刊上确定一款服装，然后以该款为标准进行纸样摹仿设计和实际做出酷似该款的成品等。

2. 样板与封样的关系

样板的优劣直接关系到样衣的品质，优秀的样板能使样衣结构设计完美、合理，人体着衣外在效果美观，内在结构空间符合人体造型及人体工效的要求。样板设计的完整能提高缝制样衣的效率，促进各道工序的规范衔接。而缝制样衣规范、认真又能体现出板型的合理性，所以人们常说："三分制板七分做工。"这句话虽然不科学，但是它强调了封样的重要性。

3. 封样的要求

封样时要严格按照工艺标准进行缝制，不可随意更改工艺标准，特别要注意不得用剪刀随意修改或剪掉裁片的某部分，因为修改裁片就是修改板型，这种行为会犯严重的错误，会给企业造成一定的损失，甚至是很大的损失。例如，在封样时对裁片进行修改后会使样衣穿着效果与原板型有所区别，很可能区别较大，而一旦样衣试穿通过，管理人员将会按原板型投产。由于封样时对裁片的修正使样衣没有出现问题，可是批量生产作业时，车工不会向封样人员一样修正裁片，那么结果就会使一批服装成品出现问题，甚至是次品服装。所以说，首先，封样时要认真，不要修改裁片；其次，要填好相关的表单，做好改进要求记录；再次，要与制板人员沟通，使板型达到完整合理的改进。

4. 样衣的检验

首先，数据的检验：从裁片到样衣的完成是一个有序的工艺作业过程，这个过程包括了裁剪工艺、机缝工艺、后道工序（洗水工艺、整烫工艺等）等。样板的数据与成品的数据有时不一定吻合，这时经过检验后就需要修正样板并再次缝制样衣，直至设定的数值与成品样衣吻合为止（图7-8）。

其次，品质的检验：服装品质的优劣直接关系到产品的市场竞争力，没有好的品质就不具有生存力。现在的人们对服装品质要求越来越高，所以对样衣品质的检验一定要专业、认真。

5. 封样相关表单参考（表7-8、表7-9）

1）首件封样单

表7-8　首件封样单

封样单位		品名		号型	
要货单位		内/外销合约			
存在问题：			改进要求：		
封 样 人		验 收 人		备　注	
封样日期		验收日期			

2）首件样衣鉴定表

表 7－9　首件样衣鉴定表

品　　名			合约号		款　号			
规格（cm）	衣长		胸围		袖　长			
	领围		肩　宽					
	裤长		臀　围					
缝纫与整理								
评语								
检验人员								

3）样衣封样单、服装新款封样

请参看第一章中的第二节"制板前的技术准备"。

服装工业样板管理

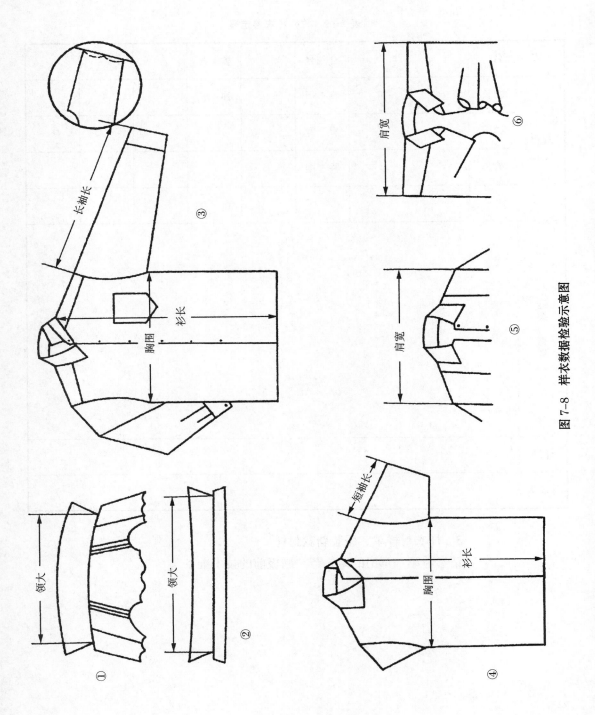

图 7-8　样衣数据检验示意图

200　服装工业制板

7.2 工业样板的编号管理

服装号型的内容

请参阅第三章"规格系列编制"。

工业样板的编号

服装生产企业的工业样板很多，如果不进行科学的管理就会出现板型混乱的现象，使企业生产环节不畅，最后导致企业受损。例如样板的丢失、样板的破损、样板编号的混乱和重复、样板机密的泄露等。所以不仅设计样板要认真，而保管样板也要认真，并且保管样板要有一套正确的方法。

1.服装样板编号

样板的管理首先需要对各个样板进行编号，就像每个人需要有个名字一样。样板的编号要规范、便于管理和识别。样板上需要标明板型编号、服装号型和样板片号。板型编号是指同一款式的样板编号，即同一款式板型的不同服装号型的各个样板用同一个板型编号。如A99001款的大、中、小号，这三个不同服装号型样板的板型编号是一样的。板型编号是服装企业内部的标准，企业一般都是根据本企业的生产服装类别、生产特点来制订的。但是服装号型是指国家标准，由国家技术监督局负责发布。现在我国在执行的标准是1998年6月1日开始实施的中华人民共和国国家标准《服装号型》

GB/T1335.1 ～ 1335.3—1997。板型编号方法请参阅图7-9。

图 7-9
服装样板
编号示意图

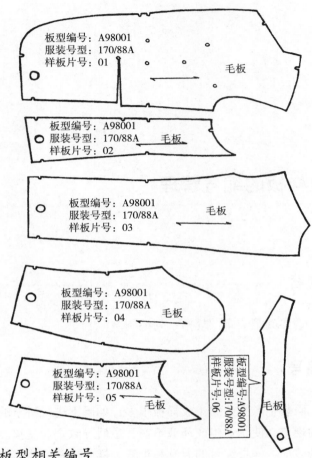

板型编号： A98001
服装号型： 170/88A
样板片号： 01
毛板

板型编号： A98001
服装号型： 170/88A
样板片号： 02
毛板

板型编号： A98001
服装号型： 170/88A
样板片号： 03
毛板

板型编号： A98001
服装号型： 170/88A
样板片号： 04
毛板

板型编号： A98001
服装号型： 170/88A
样板片号： 05
毛板

板型编号：A98001
服装号型：170/88A
样板片号：06
毛板

2. 板型相关编号

板型相关编号说明如下：

板型编号： × × × × ×

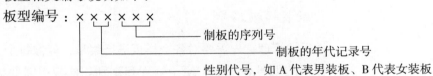

制板的序列号

制板的年代记录号

性别代号，如 A 代表男装板、B 代表女装板

3. 服装号型系列标法

服装号型系列标法说明如下：

服装号型： × × × / × × ×

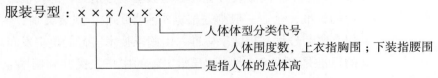

人体体型分类代号

人体围度数，上衣指胸围；下装指腰围

是指人体的总体高

样板样片号：是指在相同板型编号前提下的同一服装号型的各个裁片的统计编号。这个编号便于样板数量的整体管理。

4.服装成品号型编制规定（牛仔服装生产企业内部自定）

服装号型编制规定

① 服装款式代号表示方法

字　　母	A	B	C	D	E	F	G	H	I	J
服装款式	茄克	风衣	长袖衬衫	短袖衬衫	马甲	长裤	短裤	裙子	连衣裙	帽子

② 水洗后颜色代码

数字	1	2	3
颜色	深	中	浅

③ 服装适用对象代码

数　字	1	2	3	4
适用对象	男性	女性	儿童	中性

④ 水洗方法代码

字　　母	a	b	c	d	e	f	g
洗水方法	漂洗	石磨漂洗	石磨	柔软洗	普洗	酵素漂洗	酵素石磨

⑤ 同种号型的派生款式代码用小写英文表示

服装号型命名方法：

服装号型由8位英文字母及阿拉伯数字组成

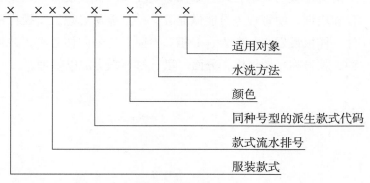

注：（1）服装号型在厂内使用时，用8位表示。
　　（2）同种号型没有派生的不用写入。
　　（3）服装号型在出厂时只用前5位或6位表示，后3位只限在厂内使用。
　　（4）本标准仅适用于本公司内部，2000年2月1日开始实施。

例如：

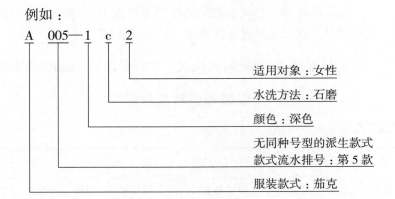

A　005—1　c　2

适用对象：女性

水洗方法：石磨

颜色：深色

无同种号型的派生款式
款式流水排号：第5款

服装款式：茄克

服装样板的保管

　　在样板检验合格后要按程序对其实行封样，封样后一定要妥善地保管样板。第一，样板在封样后，有时需要根据样衣的效果要求再对原样板作一定的修正，以使样衣在板型上更趋于合理。如果封样后样板丢失或残缺那将会直接影响到样板的合理修正。第二，样板属于企业的内部机密。现在服装行业的技术竞争非常激烈，每个企业都有自己的强项，但是样板的严格管理是服装企业的管理内容之一。所以管理样板要严密，样板保管人员要遵守企业的有关规定，不得外借、外带样板，样板属于企业的财富，企业有权对样板进行严格控管。第三，企业要对样板的管理制定一些具体的规章，从制度上落实样板的规范管理。第四，企业要对样板的管理人员进行一定的业务教育和培训，使管理人员能懂业务，并且能从思想上重视样板的保管。如有条件，样板最好实行专人、专柜、专账、专号归档管理，并且样板应严格按品种、款号和号型规格，分面、里、衬等归类加以整理。

7.3 服装技术文件

服装专业技术文件是服装企业不可缺少的技术性核心内容资料，它直接影响着企业的整体运作效率和产品的优劣。科学地制定技术文件是成功企业的最重要内容之一。一个服装企业如果不重视技术文件的制定或制定的技术文件不规范、不正确，那将是不可想象的（表7-10）。

服装技术文件内容概要

成衣工厂生产方面主要技术文件包括生产总体计划、制造通知单、生产通知单、封样单、工艺单、样品板单、工序流程设置、工价表、工艺卡、质量标准、成本核价单、企业服装号型编制规定等。

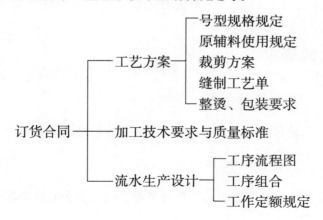

表 7-10　技术档案内容概要

序号	内　容	拟 定 部 门	拟 定 日 期	份　数	张　数	说　明
1	服装订货单	营　销				
2	反馈单	分部门				
3	设计图	技　术				
4	生产通知单	计　划				
5	成品规格表	技　术				
6	面辅料明细表	技　术				
7	面辅材料测试明细表	技　术				
8	工艺单、工艺卡	技　术				
9	样板复核单	质　检				
10	排料图、原辅料定额	技　术				
11	裁剪生产工艺单	技　术				
12	工序流程与工价表	技　术				
13	首件封样单	技　术				
14	首件成品检定表	技　术				
15	产品质量检验表	质　检				
16	成本核价单	财　务				
17	报检单	质　检				
18	生产进度报表	技　术				
19	样品板单	技　术				

具体技术文件要求 ....

1. 制造通知单

请参阅第一章第二节"服装制板前的技术准备"。

2. 生产通知单

生产通知单也称生产任务书,是服装企业计划部门根据内、外销定货合同制定下达给生产部门的任务书。各个服装企业可根据自己的特点自行拟定生产通知单的格式，内容一般包括：服装名称、服装数量、款号、号型的分配、面辅料的要求和使用、时间进度要求、包装要求、生产定额、操作要求、合约编号、交货日期等（表7-11～表7-12）。

3. 生产工艺单

服装工艺单是技术部门制订并用于指导生产的技术文件之一。服装工艺单一般是企业根据现有的技术装备结合款式的具体要求，由技术部门自己拟定的，内容一般包括：制造规格、服装局部工艺制作要求和说明、相关的编号、数量配比、相关示意图解、缝制要求、包装说明、面料里料说明等。如下面"样板设计中心生产工艺单"等所示。

裁剪生产工艺单是由技术部门制订，用于指导裁剪部门生产的。内容主要包括：铺料长度、铺料层数、铺料床数、铺料方式、打号分扎规定和技术质量要求等（表7-13、表7-14）。

4. 服装样品板单（表7-15）

5. 工序流程及工价表（表7-16）

6. 生产进度日报表（表7-17）

7. 服装成本核价单（表7-18）

8. 产品质量检验表（表7-19）

9. 服装成品验收单（表7-20）

表 7-11　生产通知单 1

订货单位：_____　日期：_____　小组：_____　编号：_____　合同号：_____

产品	单位	数量	规格数量				计划			原辅材料			
							班台（台）	定额	日产量	名称	单位	单耗	总数
	总数												

工序	进度								
	1	2	3	…		28	29	30	
裁剪									
机缝									
洗水									
整理									

说明：

表7-12　生产通知单2

No

对方单位：　　　　　　　开单日期：　　年　　月　　日　　交货日期　　年　　月　　日

对方要货单编号：		合约：	生产品种：	数量：
款式：	商标：	品牌：	腰牌：	
材　料　情　况	色号＼规格	产　品　规　格　色　号　搭　配		
原料名称				另辅料情况
门　　幅	腰围			木纱
数　　量				线球
辅　料　情　况				钮扣
袋　　布				
门　　幅				
数　　量				包装要求
里　　料				
门　　幅				
数　　量	每件定料			
衬　　类	实际定料			
门　　幅	合计用料			
数　　量	操作要求：			

单位：　　　　技术：　　　　发料：　　　　裁剪：　　　　收发：　　　　车间：　　　　包装：

表7-13 样板设计中心生产工艺单

日期 年 月 日

合 约 号		客 户						裁剪		
合 同 号		厂 号								
品 名		数量配比								
品 号										
制造规格单位（ ）		总 计								

序	部位\规格				制作图示：	缝制工艺		
A								
B								
C								
D								
E								
F								
G								
H								
I								
J								
K								
L								
M					唛头图示：	锁钉		
N								
O								
P						整烫		
Q								
R								
配用辅料					里面小样：	包装	纸箱：内箱规格： 外箱规格： 正唛： 侧唛：	

封样员　　审核人　　负责人　　交货日期 年 月 日

表7-14 裁剪生产工艺单

货号		生产任务	号 型						
品名			数量/件						
规格搭配									
铺料长度/m									
铺料床数									
打号规定									
技术质量要求		记录：							

表 7-15 服装样品板单

款号_____ 客户_____ 公司_____
厂号_____ 款名_____ 交期_____

部　　位		规格	制　板			成　衣		
			自检	部检	备注	自检	部检	备注
1	Body Length HPS/CB　身长　肩顶/后中							
2	1/2 Body Width 1″ Below Armhole　半胸围　腋下 1″							
3	Shoulder Width　肩宽							
4	Shoulder Slope　肩斜							
5	Shoulder Pad Placement　垫肩位置							
6	Across Front 6″ HPS　前胸　肩顶下 6″							
7	Across Back 6″ HPS　后背　肩顶下 6″							
8	Waist 1/2 __ HPS　半腰围　肩顶下 __							
9	Bottom Opening 1/2　半下摆							
10	Front Neck Drop　前领深							
11	Back Neck Drop　后领深							
12	Neck Width S/S E/E　领宽							
13	Minimun Neck stretch　最小拉领							
14	Collar/Trim Height　领高　后中/领尖							
15	Collar Length　领长							
16	Sleeve Length Fr.Shoulder　袖长							
17	Sleeve Length CB　后中袖长							
18	Armhole Raglan F/B　半袖窿　弯量							
19	Muscle 1″ Below Armhole　半袖肥　腋下 1″							
20	Cuff opening E/E　半袖口							
21	Cuff/Hem Height　克夫高/贴边							
22	Placket L×W　门襟　长×宽							
23	Pocket L×W　口袋　长×宽							
24	Pocket Placement HPS/CF　袋位　顶下/前中							
25								
26								
制单日期	签　名							
备注								

表 7-16　F001 牛仔裤流程工价表

工序号	工序名称	译名	机种	元/每打	工时定额	操作者
	裁法	裁剪		2.00		
一	前片					
1	嵌小件 三线嵌钮子牌 三线嵌袋衬	码小物 码钮门襟里 做袋衬	C 三线码边机	0.80		
2	平车拉袋衬 装前袋	单针做袋布 缡前袋	A 单针机	0.70		
3	双针缉前袋口 缉表袋口 装表袋	双针缉袋口 缉袋口明线 缡表袋	B 双针机	0.50		
4	平车落钮排上拉链	单针缡门襟里拉链	A 单针机	0.60		
5	双针运钮排	双针缡门襟明线	B 双针机	0.60		
6	平车落钮 2 排 拉链　小浪	单针缡钮襻 拉链　含小裆	A 单针机	0.60		
7	五线嵌袋底 缉小浪	五线包袋底 缉裆	V 五线包缝机	0.30		
二	后片					
8	双针缉后袋口花线	双针缉后袋口明线、花线	B 双针机	0.60		
9	平车装后袋	单车明线缡后袋	A 单针机	1.20		
10	埋夹后机头、后浪	三针机缡后翘含后裆	M 埋夹机	1.20		
11(10)	五线嵌机头、后浪	五线包后翘	V 五线包缝机	0.55		
12(10)	双针运机头	双针缉后翘明线	B 双针机	0.50		
13(10)	平车缉机头中线	缡后翘中间明线	A 单针机	0.30		
三	合成					
14	埋夹胁骨	三线合裤线	M 埋夹机	1.20		
15(14)	五线银胁骨	五线车侧线	金线包缝机	0.60		
16(14)	双针缉胁骨	双针缉裤线	B 双针机	0.60		
17(14)	单针缉胁骨中线	单针缉裤线	A 单针机	0.30		
18	五线嵌底浪	五线包底裆线	V 五线机	0.65		
19	拉裤头	缡大腰	L 撸腰机	0.60		
20	平车封腰头	缉腰头	A 单针机	0.40		
21	封裤嘴	收裤脚	K 撸腰机	0.60		
22	制耳仔带、打结、装耳仔	撸襻带、打枣、钉裤环	撸襻机 打结机	1.30		
四	后道			3.50		
合计						

表 7-17　时装公司生产进度日报表

年　　月　　日

序号	款式	裁剪		缝一		缝二		水洗		整理		入库	
		当天	累计	当天	累计	当天	累计	当天	累计	当天	累计	当天	累计
说明：													

制表：　　　　　　　　　　　　　　　　审核：

表 7-18　服装成本核价单

计量单位：				要货单位：		填写时间：	
产品名称：				任务数：		款号：	
	项　　目	单位	单价	用量	金额	说明：	
主料							
	合计						
辅料							
	合计						
其它						小样：	
	包装小计						
	工缴总金额						
	绣花工缴总额						
	动力费						
	上缴管理费						
	税金						
	公司管理费						
	中耗费						
	运输费						
	工人工资						
	工厂总成本						
	出厂价						
	批发价						
	零售价						

制表：　　　　　　　　审核：　　　　　　　　复核：

表 7-19　**产品质量检验表**

品　名		款　号		地　区		结　果	
日　期		质检员		备　注			

出席人：

　　　　　　　　　　　　　　　　　　　　　　　　　　　　记录：

分析记录：

改进要求：

　　　　　　　　　　　　　　　　　　　　　　　　　　负责人签名：

表 7-20　**服装成品验收单**

品　名		货　号		地　区		备　注			生产单位情况：
合　约		品　牌		数量/件					
箱号	规格	数量	箱号	规格	数量	箱号	规格	数量	
									验收意见：
									厂检验意见：
小　计			小　计			小　计			
合　计		包括副、次品总数							

说明：

生产单位：　　　　　　　　　　　　　　　　　　　　　　　年　月　日

纺织品、服装洗涤标志（参考）

纺织品洗涤名词术语

1. 服装洗涤名词术语

（1）水洗（washing）：将衣服置于放有水的盆或洗衣机中进行洗涤（水洗可以用机器，也可以用手工进行）。

（2）氯漂（chlorine-based bleaching）：在水洗之前、水洗过程中或水洗之后，在水溶液中使用氯漂白剂以提高洁白度及去除污渍。

（3）熨烫（ironing and pressing）：使用适当的工具和设备，在纺织品或者服装上进行熨烫，以恢复其形态和外貌。

（4）干洗（dry cleaning）：使用有机溶剂洗涤纺织品或服装，包括必要的去除污渍、冲洗、脱水、干燥。

（5）水洗后干燥（drying after washing）：在水洗后，将纺织品或服装上残留的水分予以去除。不宜甩干或拧干的，可直接滴干。

（6）分开洗涤（wash separately）：单独洗涤或将颜色相近的纺织品或服装放在一起洗涤。

（7）反面洗涤（wash inside out）：为了保护纺织品或服装，将其里朝外翻过来洗涤。

（8）不可皂洗（do not use soap）：不可用日常的肥皂来洗涤。

（9）不可甩干（do not spin to dry）：水洗后不能用机器甩干。

（10）不可搓洗（do not scrub）：不能用搓衣板搓洗，也不能用手搓洗。

（11）刷洗（brush）：用刷子轻轻刷洗。

（12）整件刷洗（all brush）：将整件衣服轻轻用刷子刷洗。

（13）反面熨烫（iron on reverse side only）：将服装反面翻过来熨烫。

（14）湿熨烫（iron damp）：在熨烫前将服装弄湿。

（15）远离热源（dry away from heat）：是指在洗后晾晒时，衣服远离直接热源。

2. 衣服洗涤常见图形符号

（1）基本符号

序号	名 称		图形符号	说 明
	中文	英文		
1	水洗	Washing		用洗涤槽表示，包括机洗和手洗
2	氯漂	Chlorine-based bleaching		用等边三角形表示
3	熨烫	Ironing and pressing		用熨斗表示
4	干洗	Dry cleaning		用圆形表示
5	水洗后干燥	Drying after washing		用正方形或悬挂的衣服表示

（2）衣服常见面料及其英文代号

			RAYON
棉	COTTON	人造丝、人造棉、人棉	
			VISCOSE
毛	WOOL	天丝	TENCEL
丝	SILK	氨纶：斯潘德克斯	SPANDEX
麻	LINEN	氨纶：莱卡、拉卡、拉架	LYCRA
天然丝（桑蚕丝）	NATURAL-SILK	锦纶：尼龙	NYLON
黏胶纤维：哑光丝、黏纤	VISCOSE	蛋白质纤维	PROTEIN
弹性纤维	ELASTANE	黏胶纤维：莫代尔纤维	MODAL
腈纶：亚克力纤维、合成羊毛	ACRYLIC	山羊绒，开司米	CASHMERE
腈纶：拉舍尔（经编针织物）	RASCHEL	涤纶：聚酯纤维、的确良	POLYESTER

3. 常见面料特性及洗涤保养方式

（1）棉

优点：① 吸湿透气性好，手感柔软，穿着舒适；② 外观朴实富有自然的美感，光泽柔和，染色性能好；③ 耐碱和耐热性特别好。

缺点：① 缺乏弹性且不挺括，容易起皱；② 色牢度不高，容易褪色；③ 衣服保型性差，洗后容易缩水和走形（缩水率通常在4% ~ 12%左右）；④ 特别怕酸，当浓硫酸沾染棉布时，棉布会被烧成洞，当有酸不慎弄到衣服上，应及时清洗以免酸对衣服产生致命的破坏。

洗涤方法：① 可用各种洗涤剂，可手洗或机洗，但因棉纤维的弹性较差，故洗涤时不要用大挫洗，以免衣服变形，影响尺寸；② 白色衣物可用碱性较强的洗涤剂高温洗涤，起漂白作用，贴身内衣不可用热水浸泡，以免出现黄色汗斑。其他颜色衣服最好用冷水洗涤，不可用含有漂白成份的洗涤剂或洗衣粉进行洗涤，以免造成脱色，更不可将洗衣粉直接倒在棉织品上，以免局部脱色；③ 浅色、白色可浸泡1 ~ 2 h后洗涤去污效果更佳。深色不要浸泡时间过长，以免褪色，应及时洗涤，水中可加一匙盐，使衣服不易褪色；④ 深色衣服应与其它衣物分开洗涤，以免染色；⑤ 衣服洗好排水时，应把它叠起来，大把的挤掉水分或是用毛巾包卷起来挤水，切不可用力拧绞，以免衣服走形。也不可滴干，这样衣服晾干后会过度走形；⑥ 洗涤脱水后应迅速平整挂干，以减少折皱。除白色织物外，不要在阳光下暴晒，避免由于暴晒而使得棉布氧化加快，从而降低衣服使用寿命并引起褪色泛黄，若在日光下晾晒时，建议将里面朝外进行晾晒。

（2）毛

优点：① 羊毛是很好的亲水性纤维，具有非常好的吸湿透气性，轻薄滑爽，布面光洁的精纺毛织物最适合夏季穿，派力司、凡立丁等毛织物就属于这类织物；② 羊毛具天然卷曲，可以形成许多不流动的空气区间作为屏障，具有很好的保暖性，所以较厚实稍密的华达呢、啥味呢很适合作春秋装衣料；③ 羊毛光泽柔和自然，手感柔软，与棉、麻、丝等其它天然纤维相比较，有非常好的拉伸性及弹性恢复性，熨烫后有较好的褶皱成型和保型性，因此它有很好的外观保持性。

缺点：① 羊毛受到摩擦和揉搓的时候，毛纤维就粘在一起，发生抽缩反应（就是通常说的缩水，20%的缩水属于正常范围）；② 羊毛容易被虫蛀，经常磨擦会起球；③ 羊毛不耐光和热，光和热对羊毛有致命的破坏作用；④ 羊毛特怕碱，清洗时要选择中性的洗涤剂，否则会引起羊毛缩水。

洗涤方法：① 如果使用洗衣机来洗，不要使用波轮洗衣机，最好使用滚筒洗衣机来洗，而且只能选择柔和程序。如果手洗最好轻轻揉洗，不可使用搓衣板搓洗；② 洗涤剂一定要选择中性的，如洗洁净、皂片、羊毛衫洗涤剂等，不宜使用洗衣粉或肥皂，否则衣服很容易发生缩水；③ 洗之前最好用冷水短时间浸泡（10 ~ 20 min），这样洗涤效果会更好，水温尽可能低，绝对不允许超过40℃，否则洗的时候衣服很容易缩水；④ 洗涤时间不宜过长（一般3～5 min），以防止缩水，用洗衣机脱水时应用干布包好才能进行脱水，以一分钟为宜；⑤ 衣服洗好人工排水时，应把它叠起来，大把的挤掉水分或是用毛巾包卷起来挤水，此时用力要适度，绝对不允许拧绞，以免衣服缩绒；⑥ 把洗干净的衣服放入加有2～3滴醋的水中浸泡5 min，再用清水净1～2次，中和衣物中的碱，可使毛织品颜色鲜明、质地柔软；⑦ 晾晒时应在阴凉通风处晾晒，不可挂晒，只可半悬挂晾干，以免走形，不可以在强烈日光下暴晒，以防止织物失去光泽和弹性从而降低衣服的寿命；⑧ 高档全毛料或毛与其他纤维混纺的衣物建议干洗，夹克类及西装类须干洗。

日常保养：① 穿过的服装换季储存时，要洗干净，以免因汗渍、尘灰导致发霉或生虫；② 储藏时，最好不要折叠，应挂在衣架上存放在箱柜里，以免穿着时出现褶皱，应放置适量的防霉防蛀药剂，以免发霉、虫蛀；③ 存放的服装要遮光，避免阳光直射，以防褪色；④ 应经常拿出晾晒(不要暴晒)，在高温潮湿季节晾晒次数要多些，拍打尘灰，去潮湿，晒过后要凉透再放入箱柜；⑤ 如果羊毛衣服变形，可挂在有热蒸汽处或蒸汽熨斗喷一下，悬挂一段时间就可恢复原状（如：出差住宾馆时，褶皱西装悬挂在有蒸汽的浴室内1h）；⑥ 在整形熨烫时，不可直接用熨斗熨烫，要求垫湿布熨烫，以免起亮光。

小知识：① 山羊绒被称为开司米（CASHMERE），所以一提到"开司米"，就是指山羊绒；② 毛涤织物是指用羊毛和涤纶混纺制成的织物，这种织物既可保持羊毛的优点，又能发挥涤纶的长处，是当前混纺毛料织物中最普通的一种；（举例：精纺毛涤薄型花呢又称凉爽呢，俗称"毛的确凉"。毛涤薄型花呢与全毛花呢相比质地更轻薄，折皱回复性更好，更坚牢耐磨，易洗快干，褶裥更持久，尺寸更稳定，更不易虫蛀，唯独手感不及全毛柔滑。）③ 毛黏混纺是指用羊毛和黏胶纤维混纺制成的织物，目的是降低毛纺织物的成本，又不使毛纺织物的风格因黏胶纤维的混入而明显降低。由于黏胶纤维的混入，将使织物的强力、耐磨、特别是抗皱性、蓬松性等多项性能明显变差。

（3）丝

优点：① 富有光泽和弹性，有独特"丝鸣感"，穿在身上有悬垂飘逸之感；② 丝具有很好的吸湿性，手感滑爽且柔软，比棉、毛更耐热。

缺点：① 丝的抗皱性比毛要差；② 丝的耐光性很差，不适合长时间晒在日光下；③ 丝和毛一样，都属于蛋白质纤维，特别怕碱；④ 丝制衣服容易吸身、不够结实；⑤ 在光、水、碱、高温、机械摩擦下都会出现褪色，不宜用机械洗涤，最好是干洗。

洗涤：① 忌碱性洗涤剂，应选用中性的洗衣粉、肥皂或丝绸专用洗涤剂（丝毛净）；② 冷水或温水洗涤，洗涤前，最好将衣物在水中浸泡5～10 min左右，不宜长时间浸泡；③ 轻柔洗涤，可大把轻搓，忌拧绞，忌硬板刷刷洗；④ 衣服洗好人工排水时，应把它叠起来，大把的挤掉水分或是用毛巾包卷起来挤水，此时用力要适度，绝对不允许拧绞，以免产生并丝，从而使面料受到严重损害；⑤ 如果使用普通洗衣粉或肥皂洗涤时，把过净后的衣服放入加有2～3滴醋的水中浸泡5 min，再用清水净1～2次，这样可以中和衣服上的碱性物质，从而保持丝织物的鲜艳色泽；⑥ 一般可带水挂在衣架上并放置阴凉处晾干为宜，忌日晒，不宜烘干；⑦ 深色丝织物应清水漂洗，以免褪色；⑧ 与其它衣物分开洗涤；⑨ 切忌拧绞；⑩ 不可暴晒，适合阴干，以免降低坚牢度及引起褪色泛黄，色泽变劣。

保养方法：① 收藏前应把衣服洗净、熨烫一遍并晾干，以起到杀菌灭虫的作用，最好叠放，用布包好单独存放，不可挤压；② 金丝绒等丝绒服装一定要用衣架挂起来存放，防止绒线被压而出现倒绒；③ 丝绸不宜放置樟脑丸，否则白色衣物会泛黄；④ 如果熨烫丝绸服装，可在晾到七八成干时，用白布衬在绸面熨烫，但熨斗温度不可高于130℃，否则丝绸服装会损伤或"脆化"，影响穿着寿命，熨烫时切忌喷水，避免出现水渍痕，影响外观；⑤ 真丝衣服色牢度极差，在太阳暴晒后，一经洗涤就退色发白而出现白块，处理办法：把衣物放入3%冰醋溶液（或用白醋）中匀染20分钟，匀染时要用手不停搅动衣服。

（4）麻

优点：① 透气，有独特凉爽感，出汗不粘身；② 色泽鲜艳，有较好的天然光泽，不易褪色，不易缩水；③ 导热、吸湿比棉织物大，对酸碱反应不敏感，抗霉菌，不易受潮发霉；④ 抗蛀，抗霉菌较好。

缺点：① 手感粗糙，穿着不滑爽舒适，易起皱，悬垂性差；② 麻纤维钢硬，抱合力差。

洗涤方法：① 同棉织物洗涤要求基本相同；② 洗涤时应比棉织物要轻柔，忌使用硬毛刷刷洗或用力揉搓，以免布料起毛，洗后忌用力拧绞；③ 有色织物不要用热水泡，不宜在强烈阳光下暴晒，以免褪色；④ 在衣服晾到七八成干时可以进行熨烫，若为干衣服则需要在熨烫前必须喷上水，30 min后待水滴匀开再熨烫，可以直接熨烫衣料的反面，温度可略偏高些，白色或浅色衣服的正面进行熨烫，温度要略低些，褶裥处不宜重压熨烫，以免致脆。

（5）黏胶纤维

黏胶纤维是以木浆、棉短绒为原料，从中提取自然纤维，再把这些自然纤维经过特殊工艺处理，最后就制成了黏胶纤维。

黏胶纤维包括：莫代尔纤维、哑光丝、黏纤、人造丝、人造棉（人棉）、人造毛。

优点：① 黏胶具有很好的吸湿性（普通化纤中它的吸湿性是最强的）、透气性，穿着舒适感好；② 黏胶织品光洁柔软，有丝绸感，手感滑爽，具有良好的染色性，而且不宜褪色。

缺点：① 黏胶纤维手感重，弹性差而且容易褶皱，且不挺括；② 不耐水洗、不耐磨、容易起毛、尺寸稳定性差，缩水率高；③ 不耐碱不耐酸。

洗涤：① 水洗时要随洗随浸，浸泡时间不可超过15 min，否则洗液中的污物又会浸入纤维；② 黏胶纤维织物遇水会发硬，纤维结构很不牢固，洗涤时要轻洗，以免起毛或裂口；③ 用中性洗涤剂或低碱洗涤剂，洗涤液温度不能超过35℃；④ 洗后排水时应把衣服叠起来，大把地挤掉水分，切忌拧绞，以免走形；⑤ 在洗液中洗好后，要先用干净的温水洗一遍，再用冷水洗，否则会有一部分洗涤剂固在衣服上，不容易洗下来，使浅色衣服泛黄；⑥ 洗后忌暴晒，应在阴凉或通风处晾晒，以免造成褪色和面料寿命下降。⑦ 对薄的化纤织品，如人造丝被面、人造丝绸等，应干洗，不宜水洗，以免缩水走样。

保养：① 穿用时要尽量减少摩擦、拉扯，经常换洗，防止久穿变形；② 黏纤服装洗净、晾干、熨烫后，应叠放平整，按深、浅色分开放，不宜长期在衣柜内悬挂，以免伸长变形；③ 黏纤服装吸湿性很强，收藏中应防止高温、高湿和不洁环境引起的霉变现象；④ 熨烫时要求低温垫布熨烫，熨烫时要少用推拉，使服装自然伸展对正。

（6）腈纶

腈纶是由85%丙烯腈和15%的高分子聚合物所纺制成的合成纤维。

腈纶包括：亚克力纤维、合成羊毛、拉舍尔。

优点：① 质轻而柔软，蓬松而保暖，外观和手感很像羊毛，保暖性和弹性较好；② 耐热，耐酸碱腐蚀（强碱除外），不怕虫蛀和霉烂，具有高度的耐晒性（暴晒一年不会坏）；③ 易洗、快干。

缺点：① 耐磨性比其他合成纤维差，弹性不如羊毛；② 吸水性、染色性能不够好，尺寸稳定性差；③ 腈纶衣服容易产生静电，穿起来不舒服，容易脏；④ 腈纶纤维结构不牢固，洗涤时应轻揉。

洗涤：① 可先在温水中浸泡15 min，然后用洗衣粉洗涤，要轻揉、轻搓，不可用搓板搓洗，较厚衣物可用软毛刷刷洗，最后脱水时要轻轻拧去水分，不可拧绞，脱水后要整形，以免走形；② 纯腈纶织物可晾晒，但混纺织物应放在阴凉处晾干；③ 熨烫时需要衣服正面衬湿布熨烫，温度不宜过高，时间不宜过久，以免收缩或出现极光。

保养：① 由于这类织品不怕虫蛀，收藏时不必放置樟脑丸，只要保持干净和干燥即可；② 衣服褶皱时，只需将衣服展平，用稍微热点的水浸泡一下。然后取出稍稍用力拉平，较轻的褶皱即会平展。

（7）涤纶

涤纶纤维的原料是从石油、天然气中提炼出来经过特殊工艺处理而得到的一种合成纤维。

涤纶包括：聚酯纤维、的确良。

优点：① 面料强度高，耐磨经穿；② 颜色鲜艳且经久不褪色；③ 手感光滑、挺括有弹性且不宜走形，抗皱抗缩；④ 易洗快干，无须熨烫；⑤ 耐酸耐碱，不宜腐蚀。

缺点：① 透气性差，吸湿性更差，穿起来比较闷热；② 干燥的季节（冬天）易产生静电而容易吸尘土；③ 涤纶面料在摩擦处很容易起球，一旦起球就很难脱落。

洗涤：① 用冷水或温水洗涤，不要强力拧；② 洗好后宜阴干，不可暴晒，以免因热生皱；③ 熨烫时应加垫湿布，温度不可过高，深色服装最好烫反面。

（8）氨纶

氨纶包括：弹性纤维、莱卡（拉卡）、拉架、斯潘德克斯。

优点：① 伸缩性大、保型性好，而且不起皱；② 手感柔软平滑、弹性最好、穿着舒适、体贴合身；③ 耐酸碱、耐磨、耐老化；④ 具有良好的染色性，而且不宜褪色。

缺点：① 吸湿差；② 氨纶通常不单独使用，而是与其他面料进行混纺。

（9）锦纶（又叫尼龙）

优点：① 结实耐磨，是合成纤维中最耐磨、最结实的一种；② 密度比棉、黏胶纤维要轻；③ 富有弹性，定型、保型程度仅次于涤纶；④ 耐酸碱腐蚀，不霉不蛀。

缺点：① 吸湿能力低，舒适性较差，但比腈纶，涤纶好；② 耐光、耐热性较差，久晒会发黄而老化；③ 收缩性较大；④ 服装穿久易起毛，起球。

洗涤方法：① 对洗涤剂要求不高，水温不宜超过40度，以免温度太热而走形；② 洗涤时不要猛搓，以免出现小毛球；③ 对浅色织品洗后应多冲几次，不然日久容易泛黄；④ 忌暴晒和烘干，应阴干；⑤ 锦纶耐热性较差，所以要低温熨烫，一定要打蒸汽，不能干烫。

4.各种面料优缺点汇总（附表1）

附表1　各种面料优缺点

面料名称	常见名称	最大优点	最大缺点
棉	精棉、健康棉、长绒棉、海岛棉	吸湿、透气	易褶皱、易缩水走形、易褪色
毛	马海毛、山羊毛、驼毛	柔软滑爽、富有弹性、吸湿透气	易缩水、易起毛
丝	桑蚕丝、柞蚕丝	特有的光泽度和丝鸣感、悬垂感极佳	易褶皱（比棉强）、易褪色
麻	亚麻、黄麻、大麻	特有的凉爽感、出汗不贴身、不缩水不褪色	粗糙、易褶皱、不滑爽
黏胶纤维	莫代尔纤维、哑光丝、黏纤、人造丝、人造棉、人棉、人造毛	特有的丝绸感和滑爽度，吸湿透气性仅次于棉、不褪色	弹性差、易褶皱、缩水率高、易起毛
腈纶	亚克力纤维、合成羊毛、拉舍尔	柔软而蓬松、易洗快干、不缩水、耐光耐晒	吸湿性差、易静电且容易脏、穿着有闷气感、易起球
涤纶	聚酯纤维、的确良	颜色鲜艳不褪色、光滑不走形，挺括不褶皱	吸湿透气性差、摩擦易起球
氨纶	弹性纤维、莱卡、拉卡、拉架、斯潘德克斯	极佳的弹性和伸展性、特有的保型性、不褪色	吸湿性差
锦纶	尼龙	耐磨结实、保型性仅次于涤纶、不褪色	吸湿性差、怕晒、易起球、起毛

参考文献

［1］史林.服装工艺师手册［M］.北京：中国纺织出版社,2001.

［2］吴宇,王培俊.服装结构设计与纸样放缩［M］.北京：中国轻工业出版社,2001.

［3］王海亮,周邦桢.服装制图与推板技术［M］.北京：中国纺织出版社,1999.

［4］刘国联.服装厂技术管理［M］.北京：中国轻工业出版社,1999.

［5］李正.服装结构设计教程［M］.上海：上海科学技术出版社,2002.

［6］文化服装讲座.北京：中国展望出版社,1981.

［7］上海服装鞋帽公司.服装裁剪［M］.上海：上海人民出版社,1972.

［8］刘瑞璞.男装纸样设计原理与技巧［M］.北京：中国纺织出版社,1999.

［9］张文斌.服装工艺学［M］.北京：中国纺织出版社,1990.

［10］魏立达.服装推板放码疑难解答100例［M］.北京：中国轻工业出版社,1999.

［11］邹奉元.服装工业样板制作原理与技巧［M］.杭州：浙江大学出版社,2006.

［12］谢良.服装结构设计研究与案例［M］.上海：上海科学技术出版社,2005.

［13］张文斌.服装结构设计［M］.北京：中国纺织出版社,2006.

［14］［英］威尼弗雷德·奥尔德里奇(Winifred Aldrich).男装样板设计［M］.王旭,丁晖,译.北京：中国纺织出版社,2003.

后 记

··

    本书借鉴和总结了目前国内外常用的服装工业制板基本理论与实践的成功经验。作者多次到服装一线企业做实际调研，记录了调研的相关内容，这都为本书的编写提供了很实际的帮助。特别是具有二十多年实际制板经验的顾鸿炜先生，他将服装生产企业现用的技术文件收集得很丰富，这些企业生产技术文件具有很好的代表性。特别是广东和浙江地区部分服装生产企业，他们的生产技术文件，包括他们的制板技术和要求、板型的修正方法等，本书在编写中都做了一定的借鉴。

    岳满和张鸣艳对于服装工业制板技术的技能与理论一直在进行着有深度的研究，并多次在国内的重要刊物上公开发表专业研究论文。她们力求将服装工业制板理论系统化，同时将理论更好地结合实践来完善服装工业制板的新内容。在本书编写的过程中，我们还得到了苏州大学领导的支持与帮助，特别得到了艺术学院服装设计系老师们的大力支持。

    参与本书编写工作的还有苏州大学应用技术学院陈丁丁老师、苏州城市学院唐甜甜老师、嘉兴职业技术学院吴艳老师等，她们都为本书的撰写、资料收集、图片绘制等做了大量的工作，在此表示感谢。

    在本书的编写过程中主要还参阅了欧美和日本的一些专业书刊，包括行业标准等。国内主要参考了吴宇、王培俊、王海亮、周邦桢、刘国联、刘瑞璞、张文斌、魏立达、魏雪晶等知名专家、教授的一些著作。

    本书为 2020 年江苏省高等学校重点教材建设项目。

李　正

2022 年 2 月 18 日于苏州大学